Verlag Podszun-Motorbücher GmbH
Elisabethstraße 23-25, D-59929 Brilon
Herstellung Druckhaus Cramer, Greven
Internet www.podszun-verlag.de
Email info@podszun-verlag.de
ISBN 3-86133-333-3

Titelfotos: Udo Paulitz (oben links), Rudi Heppe (oben rechts), Prospektabbildung (unten) und Wolfgang Wagner (Rückseite)

Jahrbuch 2004 Traktoren

PODSZUN

Liebe Leserin, lieber Leser!

Vor Ihnen liegt die neunte Ausgabe des „Jahrbuch Traktoren". Wir freuen uns, Ihnen wieder eine interessante Mischung unterschiedlichster Themen rund um das Hobby „Traktoren" anbieten zu können. Sehr herzlich bedanken möchten wir uns für die Zuschriften, Telefonate und Emails, die wir im Laufe des Jahres aus der Leserschaft erhalten haben. Sie waren uns Anlass, noch mehr auf Ihre Wünsche einzugehen. Dank gilt auch allen Autoren und Bildgebern. Abbildungen, die nicht von den Autoren stammen, sind übrigens jeweils mit dem Namen des Bildgebers gekennzeichnet.

Wie in jeder Ausgabe, möchten wir Ihnen hier die Autoren kurz vorstellen. Michael Bach lebt in Berlin, er schreibt für verschiedene Fachzeitschriften und hat bereits eine ganze Reihe von Schlepper-Büchern verfasst. Unter anderen ist von Michael Bach bei uns der Titel „Die berühmtesten deutschen Trakoren aller Zeiten" erschienen. Im westfälischen Brilon, dem Sitz unseres Verlages, lebt Rudi Heppe, der ebenfalls für diverse Fachzeitschriften publiziert. Auch als Buchautor hat sich Rudi Heppe einen Namen gemacht. In unserem Verlag sind von ihm erschienen: "Unimog & MB-trac Chronik", „VW Personenwagen", "VW Transporter-Prospekte" und "Claas Mähdrescher". Wolfgang Wagner aus Hamburg ist ebenfalls lange als Autor für Traktorenbücher bekannt. Er verfasste unter anderen die Titel „Kramer Traktorenprospekte", „Das Unimog Prospekte-Buch", „Einachsschlepper" und „Raupenschlepper", die alle bei uns erschienen sind. Aus Potsdam versorgt uns Dipl.-Ing. Achim Bischof seit Jahren mit Artikeln über die Schlepper-Historie, zur Zeit erarbeitet er eine umfassende Chronik der DDR-Traktoren. Ein „Newcomer" in der Szene ist der Mediziner Dr. Peter Lange aus Wasserburg am Inn, der mit großem Engagement die Marke „Primus" erforscht. Erstmals veröffentlichen auch der Deutz-Kenner Martin Pfeiffer aus Lörrach und der Modellexperte Georg G. Guthmann aus Frankfurt in unserem Jahrbuch. Gilbert Kremer aus Heidweiler ist dagegen schon seit langem in der Traktorenliteratur tätig, er hat sich der Marke Fendt verschrieben und darüber mehrere Bücher verfasst. Bei uns ist von Gilbert Kremer der Titel „Fendt Traktoren- und Arbeitsmaschinenprospekte1935-1960" erschienen.

Ihnen, liebe Leserin, lieber Leser, wünschen wir viel Vergnügen mit dem Jahrbuch und nicht vergessen: das nächste Jahrbuch, die Ausgabe 2005, ist im Oktober 2004 erhältlich.

Ihr Redaktionsteam "Jahrbuch Traktoren"

P.S.

Sie können das Jahrbuch in Buchhandlungen oder direkt beim Verlag auch abonnieren. Die Ausgaben 1998, 2002 und 2003 sind noch lieferbar. Fordern Sie unser neues kostenloses Gesamtverzeichnis an:
Verlag Podszun-Motorbücher, Elisabethstraße 23-25, D-59929 Brilon, Fax: 02961 / 9639900
Email: info@podszun-verlag.de, Internet: www.podszun-verlag.de

Aller Anfang war schwer

Die früheste Phase des Schlepperbaus

von Michael Bach

Die Feststellung „Aller Anfang ist schwer" besitzt eine solche Allgemeingültigkeit, daß es schon erstaunlich wäre, wenn es sich gerade in der Geschichte des Traktorenbaus anders verhalten hätte. Hier stimmt sie sogar in doppelter Hinsicht.

Obwohl der Verbrennungsmotor im ersten Jahrzehnt des zwanzigsten Jahrhunderts bereits einen beachtlichen Entwicklungsstand erreicht hatte, sowohl als ortsgebundene Kraftquelle für Maschinen in Industrie und Gewerbe als auch als Antriebsaggregat im Kraftfahrzeugbau, fand er seinen Weg in die Landwirtschaft nur sehr zögerlich, mit langer Entwicklungszeit und begleitet von vielen Rückschlägen. Dies mag sowohl psychologische als auch technisch bedingte Ursachen gehabt haben: Einerseits waren die bäuerlichen Kunden in allen Ländern konservativ und Neuerungen gegenüber sehr zurückhaltend eingestellt, andererseits stellten die Einsatzbedingungen in der Landwirtschaft besondere Anforderungen an die Motoren, z. B. bei stundenlangem Betrieb unter Vollast und bei staubhaltiger Luft, etwa beim Dreschen. Die Motorenhersteller suchten lange nach Lösungen zur effektiven Filterung der Ansaugluft.

Rund fünfzig Jahre, zwischen 1870 und 1920, sind Dampfmaschinen neben menschlicher und tierischer Antriebskraft die vorherrschende Energiequelle auf dem Land gewesen: Dampflokomobilen trieben die Dreschmaschinen an, meist von Lohnunternehmern (engl.: contractors) eingesetzt, denn nur wenige große Bauern oder Farmer konnten sich eine eigene Dampf-Dreschmaschine leisten – in England nicht

Safety Oil Traction Engine von Hornsby-Ackroyd, Baujahr 1897

Klassiker und Vorbild: Marshall Traction Engine und ...

...Dreschmaschine (Thresher), hier von Oliver, made in USA

anders als in Deutschland oder einem anderen Land auf dem Kontinent. So zogen die contractors mit dem gesamten Dreschsatz, bestehend aus Lokomobile (engl.: portable), Dreschmaschine und Strohpresse von Farm zu Farm. Vorgespannt waren ein großer, starker Selbstfahrer, also eine „Traction Engine", ein etwas leichterer „Steam Tractor" oder aber die herrlichen englischen Kaltblut-Pferde, zumeist die schönen Shire Horses.

Dieser Technik vertraute die Landbevölkerung – dem Neuen aber, dem Verbrennungsmotor, mißtraute sie zutiefst. Kein Wunder also, daß die Erbauer der ersten Motor-Schlepper in England – und ebenso in den USA – glaubten, sich im äußeren Erscheinungsbild, in Größe und Gewicht an den Steam Engines orientieren zu müssen!

Dies um so mehr als Rahmen, Räder, Lenkungen u.a. Baugruppen und natürlich die Antriebskomponenten Motor und Getriebe in jener Epoche konstruktionsbedingt gewaltige Ausmaße aufwiesen. Viele Details, etwa die Lenkung durch Ketten, die typischen Fliehkraftregler oder die Öl-Apparate wurden direkt von den Steam Engines in den frühen Traktorenbau übernommen.

Nach einer ungewohnt langen Pause und deutlichen Anzeichen von Entzugserscheinungen führte mich die Urlaubsreise im Sommer 2002 endlich wieder nach England, und es war klar, daß die Great Dorset Steam Fair „mitgenommen" werden mußte. Zu meinem großen Bedauern hatte ich das Millenium-Spektakel versäumt, aber Dorset wäre nicht Dorset, wenn dort nicht in jedem Jahr etwas ganz Außergewöhnliches abgehen würde!

Das herausragende Ereignis des letzten Jahres war erstmalig eine Sonderschau innerhalb der Fair, die nicht den Steamern, sondern Traktoren von der allerersten Generation bis hin zum Baujahr 1930 gewidmet war. Statistisch gesehen hieß das: Von Startnummer 1 bis 109 waren Schlepper ausgestellt und bei der Arbeit zu erleben, die die früheste Phase der Motorisierung der Landwirtschaft verkörperten, davon sage und schreibe 39 Maschinen der Baujahre zwischen 1897 und 1920! Und auch das darauf folgende Jahrzehnt, eben bis etwa 1930, war mit Raritäten ersten Ranges, mit im Wortsinn einmaligen Exemplaren vertreten.

So etwas gab es bisher, in dieser Häufung, nicht in Dorset, auch nicht in Holland und schon gar nicht bei uns zu sehen und wird, zumindest in Europa, vermutlich einmalig bleiben.

Titel des letztjährigen Ausstellungskatalogs

Back from overseas, das genaue Baujahr dieses Colonial ist unbekannt

Die Entwicklung von der riesenhaften, in engster Anlehnung an die „Traction Engine" entstandenen Ausführung zum Vorläufer des Schleppers unserer Zeit, wie er von etwa 1930 bis 1970 das Bild beherrschte, wurde hier dokumentiert: eine Begegnung mit wahrhaft archaischer Technik. Dabei überwogen amerikanische und britische Konstruktionen ganz klar, aber es waren auch Exoten aus ganz anderen Himmelsrichtungen vertreten. Aber gehen wir der Reihe nach vor.

Ältestes Stück war die Safety Oil Traction Engine von Hornsby-Ackroyd aus dem Jahr 1896, der früheste englische Schlepper überhaupt, einer Steam Traction Engine zum Verwechseln ähnlich. Auch die Bezeichnung drückt diese enge Verwandtschaft aus. Die Firma Richard Hornsby & Sons aus Grantham (Lincolnshire), einer der bedeutendsten Hersteller von Dampfmaschinen, verwendete einen von Stuart & Binney im Jahr 1890 konstruierten, liegenden Einzylinder-Glühkopfmotor für ihren Schlepper, nachdem sie bereits mit stationären Motoren dieser Bauart gute Erfahrungen gemacht hatte.

1897 wurde das erste Exemplar auf der Royal Agricultural Show in Manchester ausgestellt, mit hohen Auszeichnungen überhäuft und für (damalige!) 500 Pfund Sterling an einen Farmer aus dem südenglischen Surrey verkauft: nachweislich der erste Schlepperkauf auf der britischen Insel. Weitere drei Maschinen dieses Typs folgten – die einzige erhaltene stand nun in Dorset.

Letztlich war die Safety Oil Traction Engine trotz ihres gelungenen Auftritts auf der Landwirtschaftsausstellung kein Erfolg. Sie war ihrer Zeit zu weit voraus. Noch für gute weitere zwanzig Jahre setzten die Farmer auf die Dampfmaschine. Mit dieser wurde der Schlepper auch unmittelbar verglichen, als die Preisrichter ihn auszeichneten: Er war leichter zu manövrieren, von Kohle und Wasser unabhängig und sparte damit Geld und Zeit, und er war nicht explosionsgefährdet – ein wichtiger Aspekt angesichts verheerender Unfälle mit Steam Engines in jener Zeit.

Der Hornsby war insgesamt eher für schwere Zugarbeit und Stationärantrieb geeignet als für Ackerarbeiten, obwohl er mit wenig tragfähigen Böden und Hindernissen wie Bahnschwellen, Wurzeln usw. besser zurecht kam als ein Steamer. Sein Motor leistete 18 hp, die Kühlung benötigte 40 gallons (das entspricht etwa 200 Litern) Wasser pro Tag. Solche Leistungsangaben sind allerdings mit einer gewissen Distanz zu betrachten. Es handelt sich dabei mit einiger Sicherheit um „Dampfmaschinen-hp", die nicht mit heutigen Angaben zu vergleichen sind und die etwa ein Drittel unter diesen liegen.

Das Getriebe verfügte über drei Vorwärtsgänge und einen Rückwärtsgang, die Lenkung erfolgte wie beim Vorbild durch Ketten. Zur Ausstattung gehörte ein canopy (Wetterdach), auch darin vergleichbar einer Steam Engine, ein Paar Kutschlampen, Werkzeug und eine im Heck angeordnete Seiltrommel. Das Gewicht des Schleppers lag knapp über acht Tonnen – wie gesagt: aller Anfang war schwer.

Wenden wir uns einer weiteren britischen Legende zu. Einer der berühmtesten Hersteller von Dampfmaschinen war das Unternehmen Marshall & Sons aus Gainsborough im flachen, von schwerem Marschenboden gekennzeichneten East Anglia, auch bekannt als Britannia Iron Works. Mit seinen „Traction Engines, Road Locomotives und Road Rollers" (Straßenwalzen) nahm Marshall eine Spitzenposition ein. Aufmerksam verfolgte die Geschäftsleitung jedoch die Entwicklung in Amerika, wo um die Wende vom 19. zum 20. Jahrhundert die Zeit des Umbruchs der schier endlosen Prärie-Flächen gekommen war.

Schöner Blick auf Getriebe und Britannia!

Case 20-40, Baujahr 1915

IHC Mogul 30-60, gebaut von 1911-17, 2002 in Panningen (Holland)

Die alte Technik funktioniert wie das buchstäbliche Uhrwerk

Von besonderem Interesse für die Engländer war dabei natürlich der kanadische Markt. Auch hier, in dem damaligen „Dominion of the British Empire", waren die ersten, riesigen amerikanischen Motor-Schlepper mit bis zu zehnscharigen Pflügen im Einsatz. Marshall reagierte darauf mit dem Bau eines Großschleppers, des berühmten Colonial Tractors, von dem zwischen 1909 und 1914 über 300 Exemplare nach Kanada und Australien verkauft wurden. Zwei dieser Giganten waren, ins Ursprungsland zurückgekehrt, in Dorset zu bewundern.

Ihre Entwicklung reicht zurück bis in das Jahr 1905, als der Ingenieur Herbert Bamber beauftragt wurde, den ersten Verbrennungsmotor (internal combustion engine) zu konstruieren mit dem Hauptzweck, einen Traktor anzutreiben. An dieser Stelle muß die Weitsicht der Firmenleitung von Marshall & Sons hervorgehoben werden, die auf dem Höhepunkt der Dampf-Epoche und als einer der weltweit führenden Hersteller die Weichen für die Technik der

Zukunft stellen wollte. Auf diesen Punkt werden wir im Lauf der Geschichte noch einmal zurückkommen.

Bamber konstruierte einen Zweizylindermotor mit gewaltigen Abmessungen (Bohrung und Hub je 177,8 mm, Hubraum 8 825 cm^3, 30 bis 35 hp). Er arbeitete mit Petroleum, wurde aber mit Benzin gestartet. Normalerweise wurde die Verdampfungskühlung mit ihrem großen Wasserreservoir als ausreichend angesehen, jedoch wies der hier gezeigte, aus Australien zurück importierte Zweizylinder-Typ einen längs in Fahrtrichtung stehenden, ventilatorunterstützten Rieselkühler auf. Zum Anlassen benötigte man in Dorset Starthilfe: Sie kam in Gestalt eines ebenfalls sehr alten, sehr seltenen Saunderson-Schleppers, der mittels seiner Riemenscheibe und Flachriemen den Colonial zum Leben erweckte!

Den Marshall Colonial Tractor gab es in vier Ausführungen, und zwar als Zwei- und Vierzylindermaschine mit jeweils einem Vorwärts- und Rückwärtsgang oder mit zwei Vorwärtsgängen, wobei das Getriebe allerdings nicht „durchgeschaltet“ werden konnte, sondern der passende Gang im Stand eingelegt werden mußte.

Auch die Vierzylinder-Ausführung war in einem Exemplar aus dem Jahr 1909 zu bewundern: ein Re-Import aus Kanada. Der Motor weist den wirklich nicht knauserig bemessenen Hubraum von knapp 18 Litern auf und leistet dabei 60 bis 75 hp. Eines der auffälligsten Kennzeichen der Vierzylinder-Maschine ist die riesige, aus Stabholz aufwendig gebaute Fahrerkabine ohne jegliche seitliche Öffnung oder Fenster. Der Schlepperfahrer muß sich vorgekommen sein wie in einem Tunnel!

Wie nicht anders zu erwarten, verfügten die Colonials über die zeittypische Heck-Seilwinde, mit der Lasten aus unwegsamem Gelände herausgezogen

Ein Konkurrent war der Rumely Oil Pull 20-40, offiziell Typ „G“ von 1919

werden konnten – manches Mal wohl auch die Schlepper selbst. Auf normalen Wegen konnten sie eine Last von 30 Tonnen ohne Mühe ziehen. Das Eigengewicht dieser Traktoren, die für englische oder kontinental-europäische Verhältnisse weitestgehend ungeeignet waren, betrug über zehn Tonnen! Damit zählen sie zweifelsohne ebenfalls zu dem schweren Anfang.

In den britischen Kolonien behaupteten sie sich gut gegen die amerikanische Konkurrenz, die allerdings in deutlich höheren Stückzahlen auf den Markt gelangte. Dem Marshall bereitete der Ausbruch des Ersten Weltkrieges ein jähes Ende, als die Britannia Iron Works auf Anweisung der Regierung die Produktion von „Traction Engines" und Dreschmaschinen erheblich steigern mußte.

In den Jahren 1911 bis 1913, also vor Kriegsbeginn, bemühte sich die alteingesessene Landmaschinenfabrik Lythall in Neubrandenburg (Mecklenburg) darum, den Colonial Tractor ins kaiserliche Deutschland zu importieren. Er wurde der Fachwelt vorgestellt, in der zeitgenössischen Presse wurde über ihn berichtet. Es scheint jedoch, als wäre den Bemühungen kein Erfolg beschieden gewesen. 25 000 Mark damaliger Goldwährung sollte die Vierzylinder-Maschine kosten – Landwirte und Lohnunternehmer, die diese Summe aufbringen konnten, gaben auch hierzulande dem Dampfpflug den Vorzug.

Eine interessante Tatsache soll hier nicht unerwähnt bleiben. Lythall ließ einen schönen Prospekt mit eindrucksvollen Abbildungen drucken, in dem es hieß: „Selbstfahrende Universal-Motore zum Ziehen von Pflügen, Lasten und zum Dresch-Betrieb". Ausführlich werden auf vier Seiten Leistungen und technische Details beschrieben – aber an keiner Stelle, mit keiner Silbe wird der Name des Herstellers erwähnt oder auch nur angedeutet! Völlig anonymisiert erschien der Colonial Tractor bei Lythall. Bekanntlich war man im wilhelminischen Deutschland auf England, das „perfide Albion", mehr als schlecht zu sprechen.

Rumely Oil Pull, bis auf Chassis und Getriebe gestrippt

Der Sendling-Schlepper von 1909 war der erste deutsche Schlepper in Serienproduktion

Für die Colonials gab es in Dorset ein Wiedersehen mit einigen ihrer in jeder Bedeutung des Wortes stärksten Konkurrenten.

Aus dem Baujahr 1915 stammte der Case 20-40, ein Großschlepper, der von 1912 bis 1919 in fast 5 000 Exemplaren gebaut wurde. Auch er versteckte die offenkundige Verwandtschaft mit den Steamern dieses damals schon führenden amerikanischen Herstellers nicht, und mit sieben Tonnen Eigengewicht erreichte er auch in jener Hinsicht ungefähr Gleichstand – damit belegt auch der Case 20-40 nachdrücklich die Ausgangsthese dieses Beitrags.

Sein gewaltiger Motor, ein liegender Zweizylinder-Boxer mit 203 mm Bohrung, 229 mm Hub und einem Hubraum von 14 819 cm^3 war ebenso wie das Getriebe (2 V/1 R), der große Kühler – ein regelrechter Kühlturm – der Hinterradantrieb (direkt von der Kurbelwelle ohne Vorgelege auf das Differential; Ritzelantrieb) sowie der von einem kleinen Haus umgebene Fahrerstand mit allen Bedienungselementen waren auf dem äußerst massiven Rahmen montiert. Der Steam Engine entsprach auch der typische Zentrifugalregulator. Wie bei allen vergleichbaren Motoren dieser Fahrzeuge wurde die Kühlung durch den Sog der durch die Verrieselung hindurchgeleiteten Auspuffgase unterstützt.

Einmal mehr ein Wort zu der typischen Art und Weise der Leistungsangabe, die man bei allen amerikanischen und britischen Schleppern immer wieder findet und die oft genug Mißverständnisse hervorruft. Man muß immer wieder darauf hinweisen: 20-40, wie in diesem Fall, bedeutet nicht etwa, daß die Leistung von 20 bis 40 hp (oder auch PS) streute oder von Lust und Laune des Schlepperfahrers oder anderen Umständen abhing, sondern diese Angabe bezeichnet vielmehr die gemessene Motorleistung am Zughaken, also 20, und an der Riemenscheibe, nämlich 40 hp. Diese Leistung stellte der Schlepper gelegentlich beim Antrieb einer großen Sägebank eindrucksvoll unter Beweis.

Die Lenkung des Case war jedoch nicht mehr mit der einer Traction Engine zu vergleichen, sondern sie verkörperte den Stand der zeitgenössischen Automobiltechnik. Der Case 20-40 wies nicht nur ein imposantes Gewicht, sondern auch ebenso beeindruckende Abmessungen auf mit 4,27 m Länge, 2,44 m Breite und 3,05 m Höhe. Die Antriebsräder hatten einen Durchmesser von 1,70 m.

Er befand sich hier in Dorset in guter Gesellschaft. Sein Stallgefährte vom Typ 12-25 aus dem gleichen Baujahr war im Grunde der Aufregendere. Obwohl seine Bauzeit bereits 1913 begann, konnte man an ihm sehen, welche schnellen Fortschritte die Schleppertechnik eines Großserien-Herstellers machte. Wichtige, aus der Praxis stammende Erkenntnisse wie die höhenverstellbare Anhängevorrichtung waren verwirklicht, der Profilrahmen war kaum noch zu erkennen, denn Motor und Antrieb waren von einer automobilähnlichen Motorhaube mit Seitenblechen vollständig umgeben, auch war dieser Schlepper deutlich niedriger bei gleichzeitig großer Bodenfreiheit. Die Bauart seines Motors entsprach der des Typs 20-40, war jedoch kleiner in den Abmessungen (Bohrung/Hub 177, 8 mm, Hubraum 8 825 cm^3), die Nennleistung wurde bei 700 U/min abgegeben. Er verfügte über die gleiche Magnet-Hochspannungszündung, jedoch gab es hier eine Thermosyphon-Kühlung mit einem an der Stirnseite stehendem Kühler, die nach dem Vorbild des Automobils durch einen Lüfter unterstützt wurde. Getriebe und Hinterachsantrieb waren in einem Gehäuse untergebracht.

Der Typ 12-25 war das letzte Zweizylinder-Modell von Case, und mit knapp fünf Tonnen war er noch immer keinesfalls ein Leichtgewicht.

Nur wenige Kilometer – nein, Verzeihung, Meilen vom Schauplatz des Geschehens entfernt, in dem Dorf Stapehill an der A 31, liegt das überaus sehenswerte Museum von Sir John Moffit (der Verfasser berichtete hierüber bereits im „Jahrbuch Traktoren 1998").

Es entstand, als Sir John sein Lebenswerk, das 1979 gegründete National Tractor and Farm Museum im äußersten Norden des Landes, in Hunday (Northumberland) aufgeben und die Restbestände nach Südengland verlagern mußte – aber auch die sind noch immer schlicht sensationell! Was läge näher, als aus dem Fundus dieser unglaublichen Sammlung mit ausgewählten Stücken die Steam Fair zu bereichern. Im vorigen Jahr brachte er eine Maschine mit, die wie

Nach amerikanischem Vorbild gebaut: Schlepper der Märkischen Motorpflug-Fabrik von 1911

Walsh & Clark „Victoria" aus dem Jahr 1918

kaum eine andere alle jene Merkmale aufweist, um die es in diesem Überblick geht.

Die Rede ist von der Walsh & Clark „Victoria" aus dem Jahr 1918. Dabei handelt es sich um eine Maschine, bei der die Dampf-Pflug-Lokomotive nicht nur beim äußeren Erscheinungsbild Pate gestanden hat, sondern die auch genauso arbeitet, nämlich im Zweimaschinen-System, mit Seiltrommel und Kipp-Pflug! Die in Guiseley (Yorkshire) ansässigen Hersteller verwandelten den Langkessel in Behälter für Petroleum und Kühlwasser und ersetzten die Dampfmaschine durch einen liegenden Zweizylindermotor mit gegenüberliegenden Zylindern in Boxer-Bauart mit 45 hp Leistung bei 500 U/min. An der Stirnseite, wo sich beim Steamer die Rauchkammertür befindet, steht ein großer, ventilatorunterstützter Röhren-Kühler. Die Werbung versprach, daß Dank des großen Kraftstoff- und Wasservorrats zwölf Tage hintereinander gearbeitet werden konnte, ohne daß nachgefüllt werden mußte!

„Victoria" verfügte über zwei Vorwärtsgänge und einen Rückwärtsgang, die Kabeltrommel hatte nur eine Geschwindigkeit. Man darf diesen Schlepper jedoch nicht mit einem nachträglich auf Verbrennungsmotor umgerüsteten, echten Dampf-Pflug verwechseln, wie es ihn z. B. von den renommierten Marken Fowler oder McLaren gegeben hat. Walsh & Clark hatten vorher nie derartige Steamer gebaut. Der knapp 4,5 m lange Schlepper brachte es auf ein Gesamtgewicht von knapp sieben Tonnen. Seine Bauzeit dauerte von 1915 bis 1922! Bereits beim ersten Erscheinen gab es eine hohe Auszeichnung auf der Royal Agricultural Show.

Vorerst kehren wir der britischen Insel den Rücken (aber wir kommen zurück – versprochen!)

und sehen uns auf dem Kontinent um. Wenn auch nicht in dieser überwältigenden Fülle, so kann man doch auch hier einigen Vertretern jener Maschinen begegnen, die im Mittelpunkt dieser Reise stehen. Dazu müssen wir nach Panningen in Holland, zu dem bekannten und größten Treffen seiner Art auf dem Festland. Der holländische Sammler Harry Willems ist ein Spezialist für ganz alte und ganz rare Maschinen, von denen er Jahr für Jahr einige wirklich herausragende Exponate vorstellt. Aus der letztjährigen Veranstaltung möchte ich zwei herausgreifen.

Keine Unbekannten in Sammlerkreisen sind die Titan- und Mogul-Schlepper der International Harvester Company, kurz IHC. Dabei denken wir gemeinhin an die klassischen Typen Titan 10-20 und Mogul 8-16, die zwischen 1914 und 1922 bzw. 1914 und 1919 gebaut wurden und von denen mittlerweile eine ganze Reihe auch auf Oldtimer-Treffen bei uns zu finden sind. (Die Bezeichnungen Titan und Mogul wurden von der International Harvester Company eingeführt, nachdem die vorher unabhängigen Marken McCormick und Deering übernommen worden waren, um den Händlern der jeweiligen Marke „eigene" Produkte für den Vertrieb anbieten zu können. Für die Deering-Fraktion entstanden so die „Titanen", für die McCormick-Leute gab es die „Mogule"). Beide Baureihen sind aber wesentlich älter als die oben genannten, populären Typen. Sie reichen bis in die wirkliche Frühzeit der Motorisierung der Landwirtschaft zurück mit gewaltigen Maschinen, die jener Epoche entsprachen.

Da wäre zunächst der Mogul 30-60, von dem in den Jahren 1911 bis 1917 über 2 400 Exemplare entstanden. Der Zweizylindermotor gibt seine Leistung bei 335 bis 400 U/min ab, die Leerlaufdrehzahl beträgt 200 U/min. Bei einer Bohrung von 254 und

The Ivel: er stellte die Weichen in Richtung Leichtbau

einem Hub von 305 mm ergibt sich also ein Hubraum von 20 258 cm^3 – eine Rekordmarke! Beeindruckend fallen auch andere Bauteile des Schleppers aus. Seine Hinterräder haben einen Durchmesser von über 1900 mm und sind 610 mm breit, die Riemenscheibe mißt 710 bzw. 280 mm, die Gesamtlänge beträgt 5 750 und die Höhe 2 800 mm. Solche Ausmaße gehen aufs Gewicht: 9 400 kg stehen hier auf der Wiese, davon gehen 5 910 kg auf die Hinterachse. Wenn das nicht reichte, konnten hintere Radverbreiterungen angebracht werden, die noch einmal 610 kg wogen.

Die IHC versuchte vor dem Ersten Weltkrieg, die Schlepper auch im Deutschen Reich zu verkaufen, jedoch gab es gegen ihren Einsatz schwerwiegende Bedenken in der Landwirtschaft: Wenn auch die Frage der Bodenpressung noch nicht grundlegend untersucht war, so bestanden hinsichtlich der Schäd-

Eigenwillige Konstruktion: Motorpflug System Wiß/Daimler

Der Ivel wurde auch in Deutschland angeboten

lichkeit solcher Gewichte kaum Zweifel. Die DLG bezog den Mogul 30-60 im Jahr 1913 dennoch in eine Vergleichsprüfung auf dem Rübenboden von Klein-Wanzleben ein. Berichterstatter war niemand anderes als Prof. Dr. Gustav Fischer, der Nestor der Agrartechnik in Deutschland. Er schreibt: „Dieser amerikanische Pflug verwendet eine Zugmaschine (im Gegensatz etwa zu den Tragpflügen deutscher Hersteller, die mit in der Prüfung waren; d. Verf.), die auf vier breiten Rädern ruht. Sie besitzt zwei liegende Zylinder, deren Pleuelstangen gegeneinander gerichtet sind, um die Stöße, die auf das Gestell ausgeübt werden, möglichst auszugleichen. Die Maschine leistet etwa 60 PS bei 370 Umdrehungen.

Von der Kurbelwelle aus erfolgt die Übertragung durch ein Zahnrad von 18 Zähnen beim Vorwärtsgang auf ein zweites Zahnrad von 102 Zähnen. Auf der Welle des letzteren sitzt das Differential, von dem aus die Drehung durch ein Ritzel von 12 Zähnen auf ein an dem Triebrad sitzendes großes Zahnrad von 78 Zähnen übertragen wird. Bei dem Rückwärtsgang wird ein Reibungsrad durch einen Exzentergriff an ein anderes auf der Kurbelwelle sitzendes Reibungsrad angedrückt. ...

Der Motor ist mit einem senkrecht stehenden Regulator mit Zahnradantrieb versehen, der staubdicht eingeschlossen ist. Die Kühlung erfolgt durch Wasserumlauf, und das ablaufende Kühlwasser wird durch einen Rieselkühler, der am vorderen Ende des Maschinenrahmens kastenartig aufgebaut ist, wieder zurückgekühlt. Statt des sonst üblichen Ventilators wird der zum Kühlen des Wassers nötige Luftzug dadurch erzeugt, daß die Auspuffgase durch einen Exhaustor in der über dem Kühler sitzenden Haube entweichen und Luft von außen ansaugen, die dem Wasser entgegenströmt. ... Da das Anlassen der Maschine mühsam sein würde, so ist ein besonderer kleiner, luftgekühlter Motor angebracht, der sehr leicht angedreht werden kann. ...

Die Steuerung erfolgt durch eine Kette und eine Schneckenübersetzung. In den Zughaken für den angehängten Pflug ist eine Feder eingeschaltet."

Die IHC verkaufte ihre Schlepper grundsätzlich zusammen mit Pflügen der Marke „Little Dutchman", und die Pflugarbeit der Gespanne wurde ebenso wie die tadellose Arbeit des Mogul vor dem Mähbinder von allen Fachleuten hervorgehoben – ungeachtet der Gewichtsproblematik. Für 23 000 Mark wurde ein solches Gespann in Deutschland angeboten – interessanterweise jedoch nicht von der im Jahr 1908 in Neuss am Rhein gegründeten Filiale des amerikanischen Werks, die bald zu einer der größten deutschen Landmaschinenfabriken werden sollte, sondern von einer extra dafür in Berlin aufgebauten Niederlassung. Man darf davon ausgehen, daß am Vorabend des Kriegsausbruchs hierzulande nicht allzu viele Mogul-Schlepper Käufer fanden. Ein weiterer großer Name aus der Pionierzeit ist die 1857 von zwei deutschen Auswanderern, den Brüdern Meinrad und John Rumely in La Porte, Indiana, gegründete Rumely Company (ab 1915 Rumely Thresher Company). Ebenso wie Case oder Hornsby und Marshall in England baute Rumely schon früh „Steam Traction Engines", wenn auch in geringerer Stückzahl. Die Produktion der berühmten „Oil Pull"-Traktoren wurde im Jahr 1909 aufgenommen, und auch hier standen die Steamer Pate. Diese Schlepper genossen ihren hervorragenden Ruf zu Recht, und sie weisen eine einmalige technische Besonderheit auf.

Die Oil Pulls galten schon in ihrer Zeit als schwere Traktoren – und das will wohl etwas heißen! Sie wurden immerhin bis 1931 in verschiedenen Baureihen gefertigt, wobei sich die Hersteller im Lauf der Entwicklung auch um deutlich „leichtere" Maschinen bemühten. In Panningen hatte Harry Willems aber einen Vertreter der schweren Art aus dem Jahr 1919, den Typ 20-40, dabei.

Dieser Schlepper, werksoffiziell auch als Typ „G" bezeichnet, wurde von 1919 bis 1924 gebaut. Er war, als Modell der unmittelbaren Zeit nach dem Weltkrieg, die Auswirkungen auch auf die wirtschaftliche Situation der USA hatte, ein typischer Vertreter der vorherigen, nun schon deutlich älteren Epoche. Insofern mag seine relativ lange Produktionszeit verwundern, zumal auch gerade dieser Hersteller in jenen Jahren bereits deutlich leichtere, insgesamt modernere Schlepper im Programm hatte.

Im Jahr 1920 wurden die schnell berühmt gewordenen „Nebraska Tractor Tests" aufgenommen, die erstmalig eine ingenieurwissenschaftliche Grundlage für die Prüfung landwirtschaftlicher Schlepper schufen und die Vorbild für alle vergleichbaren Prüfungen weltweit wurden, so auch für die der DLG. „Nebraska Test No. 11" galt dem Oil Pull 20-40, ihm entnehmen wir folgende Angaben:

Zweizylinder, Bohrung 203,2, Hub 244 mm, Hubraum 15 817 cm^3, Nenndrehzahl 450 U/min, durchschnittliche Leistung über 2 h: 39,9 hp bei 462 U/min, gemessene Höchstleistung über 1 h: 46,2 hp bei 465 U/min – wohlgemerkt: Riemenscheiben-Leistung – höchste bzw. geringste gemessene Drehzahl während des Tests 482 bzw. 458 U/min, maximale Zughakenkraft (mit Winkelgreifern an den Hinterrädern) 3 183 kg bei 2,85 km/h – das kann sich sehen lassen! Und das Gewicht des Schleppers? Es wurde mit über 6,5 Tonnen ermittelt.

Die außergewöhnliche Technik der Rumely Oil Pulls verdient eine nähere Betrachtung. Ihre Motoren waren eine Konstruktion des Ingenieurs John Secor, der beim Kühlsystem einen völlig anderen, einzigartigen Weg verfolgte. Um die gefürchteten Schwierigkeiten des Petroleum-Betriebs (amerik.: Kerosin) in den Griff zu bekommen, die weltweit alle Motorenhersteller vor größte Probleme stellte, ersetzte Secor das Kühlmittel Wasser durch das Kühlmittel Öl! Dies ermöglichte eine wesentlich höhere Motortemperatur als Wasser, das bekanntlich bei 100 Grad Celsius kocht. Durch die höhere Temperatur im Motorinneren in Verbindung mit einer höheren Verdichtung wurde das Petroleum bzw. Kerosin absolut zuverlässig und ohne Bildung von Rückständen und Ablagerungen, die bei anderen Motoren schwere Schäden verursachten, verbrannt.

Die Motortemperatur regulierte sich automatisch je nach Belastung der Maschine. Bezogen auf die Petroleum- bzw. Kerosin-Problematik war damit der Stein des Weisen gefunden!

Die Tatsache, daß Öl nicht einfrieren konnte und dementsprechend bei niedrigen Außentemperaturen nicht abgelassen werden mußte, war ein hochwillkommener Nebeneffekt. Nicht auszuschließen, daß die Zahl dadurch verhinderter Motorschäden ebenso hoch war wie die, die auf das Haben-Konto des Kühlmittels gingen.

Die hohen Drücke erforderten jedoch eine besonders massive Ausführung aller Bauteile des Motors, vom Gehäuse über Lager, Kurbelwelle, Kolben

Der Mogul 8-16 von IHC: ein in großen Stückzahlen gefertigter Schlepper während des Ersten Weltkriegs

Die britische Antwort auf die IHC-Schlepper war der Saunderson Universal Modell „G" von 1916

usw., und diese wiederum bedingte das hohe Gewicht.

Die Kurbelwelle des Zweitakt-Twins war desaxiert, dies verhinderte das Kolbenkippen beim Arbeitstakt, indem die Pleuelstangen beim Taktwechsel möglichst gestreckt waren. Außerdem minderte diese Auslegung den Verschleiß an Kolben und Zylindern. Öler und Fliehkraftregler entsprachen auch hier wieder den Ausführungen, die man von den Dampfmaschinen kannte.

Mit „leichteren" Traktoren der gleichen Grundkonstruktion, die aber im äußeren Erscheinungsbild nicht mehr ganz so vorzeitlich (die Engländer bezeichnen es schlicht als „crude", also: roh) daherkamen, blieb die Advance Rumely Thresher Company bis zum Jahr 1931 im Geschäft. Interessanterweise wurde um 1929/30 sogar eine Werksniederlassung in Berlin gegründet, die den Schlepper auf deutschen und europäischen Märkten absetzen sollte. Aber dafür war es wohl zu spät angesichts solcher Entwicklungen von Ackerschleppern wie dem Lanz Bulldog, dem Hanomag WD, dem IHC 10/20 oder anderer moderner Konstruktionen. 1931 wurde die legendäre Marke von Allis Chalmers übernommen.

Die Zahl amerikanischer Traktorenhersteller war im ersten Quartal des 20. Jahrhunderts ungeheuer groß, und noch größer war die Typenvielfalt, die sich daraus ergab. Entsprechend den Bedingungen, die die unüberschaubaren Prärien boten, waren die meisten dieser Schlepper sehr groß, sehr schwer und beeindruckend in ihrer Leistung. Auf amerikanischen Oldtimer-Veranstaltungen finden sich viele dieser Giganten in vorzüglichem Restaurierungszustand, noch immer gibt es dort regelrechte Maschinen-Friedhöfe, in Europa bleiben sie (noch) Exoten. Diejenigen, derer man hier habhaft werden kann, verdienen jedoch allemal unser Interesse.

Bevor wir wieder nach Dorset 2002 zurückkehren, sehen wir uns aber noch ein wenig genauer an, wie die Situation in Deutschland in der Zeit der Wende vom 19. zum 20. Jahrhundert und bis zum Ausbruch des Ersten Weltkrieges war. Bekanntlich hatte Robert Stock in Berlin 1907/08 seinen ersten Motortragpflug gebaut. 1911 begann die Serienproduktion dieser „Einzweck-Maschine“, die hierzulande und auf dem europäischen Kontinent zahlreiche Nachahmer finden sollte mit den bekannten Typen von Hanomag WD, Komnick, Praga, Excelsior u.a., mit beachtlichem Erfolg. Nebenbei: Mit fünf bis sieben Tonnen waren die Tragpflüge allesamt keine Leichtgewichte.

Auf sie, die der Entwicklung echter Traktoren durchaus im Weg standen, soll hier aber nicht näher eingegangen werden. Trotz dieses konstruktiven Seitenweges gab es diese nämlich auch.

Bereits zwischen 1894 und 1896 hatte der Berliner Konstrukteur Adolph Altmann seinen „Tracteur“ auf die Räder gestellt: eine selbstfahrende Motorlokomobile. Obwohl es bei einem einzigen Versuchsexemplar blieb, hatte er damit definitiv den ersten deutschen Motorschlepper realisiert.

Es dauerte bis 1908, ehe die „Serienproduktion“ eines Schleppers – zwar in unbekannter und sicher nicht eben umwerfend großer Stückzahl – begann, aber immerhin! Die damals bereits renommierte Münchener Motorenfabrik Sendling nahm das Wagnis auf sich, der Landwirtschaft ein solches Fahrzeug anzubieten und damit in Konkurrenz zur Dampfkraft zu treten.

Auf Anhieb erkennbar aber ist auch in diesem Fall wieder das Vorbild der Dampf-Zugmaschine, wie sie in Deutschland von Badenia, Kemna, Lanz, Wolff-Buckau und einigen wenigen anderen Herstellern (längst nicht so vielen wie in England) angeboten wurde – auf die Dampf-Pflüge soll hier nicht eingegangen werden.

Chassis und Drehschemel-Lenkung mit Ketten, Antriebs- und Vorderräder, der kleine, überdachte Fahrerstand, vor dem die gesamte Antriebstechnik längs auf dem Rahmen montiert war – alle diese Merkmale, die wir nun schon von den bisher vorgestellten Maschinen kennen, tauchen wieder auf. Viel wissen wir nicht über den Sendling, von dem ein Exemplar durch das Deutsche Museum in München erworben wurde, das aber bedauerlicherweise durch Kriegswirren verloren ging.

Mit dem Waterloo Boy alias Overtime betrat Harry Ferguson 1917 die Traktor-Szene

1917 war das Jahr der Revolutionen: eine davon war der Fordson F

Er verfügte über einen langsam laufenden Vierzylindermotor für Benzolbetrieb, der 80 PS bei 600 U/min leistete. Das Getriebe hatte zwei Vorwärtsgänge und einen Rückwärtsgang. Erkennbar ist der vorn stehende, von einem Ventilator unterstützte Kühler, alle anderen Baugruppen des Antriebssystems sind durch Blechabdeckungen verborgen. Das Gewicht des Sendling-Schleppers: etwa 5 500 kg – also auch in dieser Hinsicht paßt er in unser Bild.

Wie bereits angedeutet: Der echte Schlepper für die Landwirtschaft blieb in Deutschland, im Ursprungsland des Verbrennungsmotors, zunächst noch ohne wirklichen Nachfolger. Die Tragpflüge und, als weiterer Sonderweg, der Landbaumotor von Lanz schoben sich gewissermaßen dazwischen, und solche Fahrzeuge, die von Beginn an für militärische Zwecke konzipiert waren, interessieren in unserem Zusammenhang nicht.

So dauerte es bis zum Jahr 1911, ehe der gleichermaßen als Konstrukteur wie als Fachschriftsteller hervorgetretene Otto Barsch bei der Märkischen Motorpflug-Fabrik in Berlin seinen Schlepper präsentierte, der im Aufbau mit den bisher vorgestellten Maschinen vergleichbar war. Dem großen Polemiker Barsch muß man eines lassen: Er war auf dem richtigen Weg.

Ausgerüstet mit einem echten Langsamläufer, einem Vierzylinder-Lastwagenmotor der renommierten Marke Argus, der auf dem Rahmen hinten, zwischen den hohen Antriebsrädern ruhte und bei 500 bis 600 U/min etwa 60 PS leistete, Kettenantrieb vom Getriebe (2 V / 1 R) auf die Antriebsritzel sowie mit einer modernen Achsschenkellenkung brachte aber auch dieser Schlepper satte 6 250 kg auf die Waage – man muß schmunzeln, wenn man Barschs wortgewaltige Schimpfkanonaden gegen die „überschweren Maschinen aus Übersee – Schädlinge der deutschen Landwirtschaft" u. ä. kennt...

Eine lange Produktionsdauer war der Märkischen Motorpflug-Fabrik nicht beschieden. Noch vor Ausbruch des Krieges mußte sie aus wirtschaftlichen Gründen ihre Pforten schließen. Zunächst wurde der Schlepper noch als „Arator" von der Standard Motorpflug-GmbH in Berlin-Charlottenburg weitergebaut, aber auch das blieb eine Episode. Barsch konstruierte später, in den frühen zwanziger Jahren, den

Italien folgte zwei Jahre darauf mit dem Fiat 702

sehr guten Stoewer-Motorpflug, einen Gelenk-Pflug – aber dies ist eine andere Epoche.

1913 konnte das Fachpublikum auf der DLG-Ausstellung in Straßburg den Gelenkpflug des ehemaligen leitenden Ingenieurs der Motorenfabrik Benz & Cie., Georg Wiß, besichtigen. Diese Gelenk-Pflüge waren im Grunde nichts anderes als eine Vorwegnahme des Prinzips „Schlepper mit Anbaupflug": Wurde der angelenkte Pflug demontiert, stand ein echter Schlepper zur Verfügung.

Wiß' Maschine wurde bald von Daimler in Berlin-Marienfelde übernommen und erlangte ihre Bekanntheit unter dem Namen „Motorpflug System Daimler", allerdings wurde dieser auch sehr schnell als Artillerie-Zugmaschine zweckentfremdet, da er sozusagen gerade rechtzeitig zum Kriegsbeginn zur Verfügung stand.

Auch bei ihm begegnet uns wieder das bekannte Schema: gewaltige Ausmaße, Rahmen, Räder und Lenkung wie bei einer Dampf-Zugmaschine, ein großer Vierzylinder für Benzin- oder Benzolbetrieb mit fünffach gelagerter Kurbelwelle, Zwangsschmierung, ein zuverlässiger Präzisionsregler und ein Bosch-Zündapparat, der bei 700 U/min 80 PS abgab. Das Kühlsystem bestand aus einem vorn stehenden Kühler, einem Ventilator und einer Wasserpumpe – hier wurde der Fortschritt in der Motoren- und allgemeinen Fahrzeugentwicklung deutlich. Aber auch der Motorpflug System Daimler trat mit 6 600 kg – ohne Pflug – in der oberen Gewichtsklasse an.

Was man versprochen hat, muß man halten. Aber nicht allein aus Gründen solcher Verpflichtung, sondern auch aus solchen echter Begeisterung kehrt der Autor dieser Zeilen nun auf die Insel zurück.

England wäre nicht England, wenn es dort nicht zu allem und jedem auch das Gegenteil gäbe.

Dies ist in einem Land, das so viele bedeutende Individualisten und Querdenker hervorgebracht hat, auch nicht verwunderlich. Vielleicht lag es daran, daß Daniel Albone bereits ein erfolgreicher Radrennfahrer war, als er unter die Traktorenbauer ging. Jedenfalls wußte er, daß ein Fahrzeug vernünftigerweise nicht so schwer sein sollte, daß es die Hälfte oder gar mehr seiner Leistung zur eigenen Fortbewegung brauchte.

Albone begann in seiner eigenen Fahrrad-Fabrik, den Ivel Cycle Works in Bigglesworth (Bedfordshire)

Hingegen war der IHC Junior 8-16 ein Unentschiedener zwischen Tradition und Fortschritt

etwa 1902/03 mit dem Bau eines Schleppers, der einem völlig anderen Konzept folgte als alle die Dampfmaschinen-Ableger, die es zu diesem Zeitpunkt gab. Er hatte dabei von Beginn an einen anderen Kreis von Interessenten im Auge, nämlich den britischen Farmer, der auf relativ kleinen Flächen und Betriebsgrößen wirtschaften mußte und dazu einen kleinen, unkomplizierten und vielseitig verwendbaren Traktor benötigte. Dieser sollte in der Lage sein, ein Pferdegespann zu ersetzen.

Sein Ivel Tractor, benannt nach dem Fluß, an dem die Fabrik lag, bestand aus einem leichten Rahmen, der in etwa ein Dreieck bildete, an dessen Spitze sich das lenkbare Vorderrad befand. Auf dem Rahmen waren die Antriebskomponenten montiert: in der Mitte ein für damalige Verhältnisse relativ schnellaufender, liegender Zweizylinder-Boxermotor für Benzinbetrieb, der anfangs 8, im Lauf seiner Weiterentwicklung bis zu 20 hp bei 850 U/min leistete. Links neben dem Fahrer, zwischen den hinteren Antriebsrädern, stand der große Wasserbehälter der Verdampfungskühlung, wo er durch sein Gewicht die Adhäsion günstig beeinflußte. Für die Arbeit standen nur je ein Vorwärts- und ein Rückwärtsgang zur Verfügung mit jeweils eigener Konuskupplung. Durch das einzelne Vorderrad war der Ivel ohne großen Kraftaufwand zu lenken.

Der Schlepper war etwa 3 m lang und 1,90 m breit, die Geschwindigkeit betrug 6 bis 7 km/h, die Zugleistung etwa drei Tonnen. Ach ja, das Gewicht: Mit nicht viel mehr als 1 500 kg stand der Ivel auf seinen drei Rädern!

Von der Royal Agricultural Society mit hohen Auszeichnungen geehrt und bei vielen praktischen Demonstrationen überzeugend in seiner Leistungsfähigkeit, wurde er zu einem beachtlichen Verkaufserfolg nicht nur in England, sondern auch in Übersee und mehreren kontinentaleuropäischen Ländern, etwa in Frankreich und Italien. Im Deutschen Kaiserreich versuchte der Ingenieur Heßler in Leipzig-Connewitz, diesen ersten echten Universalschlepper für kleinere Bauernwirtschaften einzuführen: Nach einer seriösen Quelle aus dem Jahr 1913 bot er ihn für 8 360 Mark an.

Dan Albone starb bereits 1906 im Alter von nur 46 Jahren, sein Unternehmen bestand danach zwar noch zehn Jahre weiter, aber sein Erfinder- und Unternehmergeist fehlten fortan. Der Ivel blieb denn auch, obwohl im Detail weiterentwickelt und verbessert, bis in die Kriegsjahre ohne echten Nachfolger. Das einzige erhaltene Exemplar steht – wo sonst – in der Sammlung von John Moffit, der das kostbare Stück regelmäßig vorführt, und der Berichterstatter hatte das große Glück, ihm im vorigen Jahr endlich auf der Great Dorset Steam Fair zu begegnen.

England war bis zum Ausbruch des Ersten Weltkrieges in der glücklichen Lage, einen großen Anteil seiner Nahrungsmittel aus den Kolonien beziehen zu können. Mit der See-Blockade durch deutsche U-Boote änderte sich die Situation schlagartig. Die Anbauflächen auf der Insel mußten schnellstmöglich erweitert werden, zudem fehlten, kriegsbedingt, Arbeitskräfte. Es mußte unbedingt mechanisiert werden, Frauen und Kinder mußten Traktoren und Maschinen bedienen lernen und vor allem, Traktoren in großer Stückzahl mußten ins Land gebracht werden, denn insgesamt war die eigene Produktion doch mehr als bescheiden.

Die zur Legende gewordenen IHC-Traktoren der Typen Titan 10-20 und Mogul 8-16 wurden zwischen 1915 und 1917 in annähernd 4000 Exemplaren importiert. Beide zeigen einerseits noch deutliche konstruktive Merkmale der Pionierzeit in ihrem von den Steamern abgeleiteten Gesamtaufbau mit massivem Rahmen und großvolumigen, langsamlaufenden Zwei- bzw. Einzylindermotoren, andererseits verkörpern sie wirklichen Fortschritt im Schlepperbau mit deutlich geringeren Gewichten um etwa 2,5 Tonnen und mit ihrer universalen Einsetzbarkeit für alle landwirtschaftlichen Arbeiten. Das Gesamtkonzept dieser Schlepper entsprach den europäischen Verhältnissen deutlich mehr als das ihrer Ahnen aus der Vorkriegszeit: Man vergleiche einmal den Mogul 30-60 von 1913 mit dem Mogul 8-16 von 1917!

Zu den Schleppern dieser Kategorie zählen auch zwei weitere, die den IHC-Typen in nichts nachstehen und die ähnlich berühmt geworden sind – einer aus England, der andere ebenfalls amerikanischer Herkunft.

Der Saunderson „Universal Model G" aus Bedford erschien im Jahr 1916 und sollte in nahezu unveränderter Form bis 1925 gebaut werden. Mit ihm wurde das Unternehmen in den Kriegsjahren zum größten britischen Traktorenhersteller, wobei die

Marshall's second step into tractor business: der 15/30

Ferguson-Brown von 1936 im Abendlicht, Dorset 2002

hohen Stückzahlen der Amerikaner aber dennoch nicht erreicht werden konnten.

Der Schlepper bewährte sich bestens. In der Mitte des Rahmens befand sich ein quer eingebauter, stehender Zweizylinder-Vergasermotor (139,7 x 203,2 mm, Hubraum 6 261 cm³), seitengesteuert, mit Schleuderschmierung und Thermosyphon-Kühlung, der große Kühler stand senkrecht davor und war ventilatorunterstützt. Die Leistung betrug 25 hp bei 750 U/min. Der Antrieb der Hinterräder erfolgte durch Stirnräder, die Achsschenkellenkung war dem Automobilbau entnommen. Ganz leicht war der Saunderson nicht: er brachte gute drei Tonnen auf die Waage.

Der Schlepper wurde auch in nennenswerten Stückzahlen exportiert und in Frankreich sogar von einer Gesellschaft namens Scemia als Typ U-20 in Lizenz gebaut. 1924 jedoch war Schluß, das Werk wurde von der Motorenfabrik Crossley übernommen.

Bei dem erwähnten amerikanischen Schlepper handelt es sich um den hierzulande kaum bekannten, im englischsprachigen Raum dafür um so berühmteren Waterloo Boy, für den in England kein Geringerer als Harry Ferguson mit Sitz im nordirischen Belfast die Vertretung übernahm. Er organisierte, im Auftrag der Regierung handelnd, Demonstrationen auf der gesamten Insel, regelrechte Tourneen, und es gelang ihm, den nach seinem Unternehmen, das den Namen Overtime trug, benannten Schlepper bei den britischen Farmern als Overtime populär zu machen.

Daneben machte Ferguson mit dieser Maschine seine ersten, grundlegenden Erfahrungen mit dem Anbau und Einsatz effektiver Geräte an einem relativ leichten Traktor: Der erste Schritt zum revolutionären Ferguson-System beginnt mit dem Overtime bzw. Waterloo Boy im Jahr 1917.

Die Waterloo Gasoline Traction Engine Company war 1893 von John Froehlich in Waterloo, Minnesota, gegründet worden, ein Jahr, nachdem er einen erfolgversprechenden Prototyp konstruiert hatte. Mit der Übernahme der Firma durch John Deere im Jahr 1917 begründete dieses Unternehmen seinen Einstieg in die Schlepper-Produktion – der Waterloo Boy ist also ein Vertreter der Vorfahren jener heute so bedeutenden Marke.

1916/17 erschien das Erfolgsmodell, der Typ „N", auf dem Markt mit einer Leistung von 12 bis 25 hp bei 750 U/min. Bitte stets zu beachten: das sind immer Zughaken- und Riemenscheiben-hp – man kann es nicht oft genug wiederholen!

Zwei Jahre zuvor war bereits der Typ „R" herausgekommen, der zwar den gleichen Gesamtaufbau und Motor (allerdings rollengelagert) hatte, jedoch mit nur je einem Vorwärts- und Rückwärtsgang auskommen mußte. Beide, der seltene Overtime „R" und der heute nicht viel häufigere „N", waren in Dorset vertreten!

Der liegende Zweizylindermotor (Bohrung 165,1, Hub 177,8 mm, Hubraum 7690 cm^3) besaß Umlaufkühlung, deren Kühler auffällig in Fahrtrichtung auf dem Rahmen montiert war, eine kombinierte Schleuder- und Druckumlaufschmierung sowie Hochspannungs-Magnetzündung und lief mit Benzin oder Petroleum. Beim Typ „N" verfügte das Getriebe über zwei Vorwärtsgänge. Der Hinterachsantrieb des Overtime-Schleppers erfolgte über Ritzel an den Hinterrädern. Ein Relikt aus der Steam-Ära war auch hier die altertümliche Kettenlenkung, bei der es aufgrund des großen Spiels notwendig war, jeden Lenkvorgang rechtzeitig zu beginnen nach dem Motto: „Zielen und beten".

Mit seinem Gewicht von 2,5 Tonnen lag der Overtime zwar deutlich unter den Größenordnungen der „alten Garde", jedoch war er noch weit von dem entfernt, was ein gewisser Henry Ford im Jahr 1917 realisieren sollte.

Der Fordson F ist ungezählte Male beschrieben worden. Schließlich ist kaum ein Kapitel der Schlepper-Geschichte vorstellbar, in dem er keine Rolle spielen würde. Bekanntlich konnte dank seiner völlig neuartigen, revolutionären Blockbauweise ohne Rahmen und dank der Fertigungskapazitäten der Ford-Werke seine Massenproduktion sofort nach Erreichen der Serienreife beginnen. Innerhalb von nur sechs Monaten wurden 7000 Exemplare zur Verbesserung

Die Revolution (Fordson F) entläßt ihre Kinder: Fergusons geniale Dreipunkt-Hydraulik

Standard war noch die die Ausführung auf Eisenrädern

der Lage in der Landwirtschaft nach England verschifft, Tausende weitere sollten folgen. Der Fordson trat einen bis dahin nicht gekannten Siegeszug um die Welt an. Angesichts seines Bekanntheitsgrades können wir es an dieser Stelle kurz machen: seitengesteuerter Vierzylindermotor für Benzin- oder Petroleumbetrieb (Bohrung 101,6, Hub 127 mm, Hubraum 4117 cm^3) leistete 20 hp bei 1000 U/min. Er besaß eine Niederspannungs-Zündanlage mit einem Magneten eigener Bauart, der im Schwungrad eingebaut war, und eine ventilatorunterstützte Thermosyphon-Kühlung ohne Wasserpumpe, Schleuderschmierung sowie einen nassen Luftfilter – aber keinen Regler! Der Zylinderkopf war schnell zu demontieren und erleichterte so die Durchführung von Wartungs- und Reparaturarbeiten .

Die Kraft des mit dem Getriebe (3 V/1 R) verblockten Motors wurde durch eine Lamellen-Kupplung übertragen, die oft klebte und das Schalten erschwerte. Der Hinterachsantrieb erfolgte durch Stahlschnecke und Schneckenrad, auch die Lenkung war eine Schneckenlenkung. Mit einer Höchstgeschwindigkeit von 13,9 km/h sprengte der Schlepper auch in dieser Hinsicht den Rahmen seiner Zeit.

Alles am Fordson war leicht – mit 1,5 Tonnen stellte er die Welt der Traktoren auf den Kopf.

Auf der Steam Fair sind die Fordson stets gut vertreten, aber Exemplare, die nachweislich aus dem Jahr 1917 stammen, sind doch rar. Eines davon, in unnachahmlichem Originalzustand, war 2002 dabei – und fiel eigentlich gar nicht „richtig" auf neben den spektakulären Giganten, die durch sein Erscheinen auf dem Schleppermarkt damals mit einem Schlag „alt" aussahen, im wahrsten Sinn des Wortes.

Daß diese Maschine nicht ohne Nachahmer bleiben konnte und blieb, ist bekannt. Hierzulande denken wir sofort an den Hanomag WD, der den Hauptnachteil des Fordson, seine durch unglückliche Gewichtsverteilung entstandene Neigung zum Aufbäumen, geschickt vermied. Weit weniger bekannt sind jedoch weitere, gewissermaßen exotische Ableger wie z. B. der Fiat 702. Unmittelbar nach Kriegsende, im Jahr 1919 kam dieser erste Schlepper der Turiner heraus, in allen technischen Merkmalen deutlich mit dem Fordson verwandt. Sein Vierzylinder-Benzinmotor leistete 25 bis 30 hp bei 900 U/min, auch sein Getriebe stellte drei Vorwärtsgänge und einen Rückwärtsgang zur Verfügung, der Schneckenantrieb findet sich auch hier. Auch beim Gewicht ging man in die gleiche Richtung, wenn auch mit knapp über zwei Tonnen das Vorbild nicht erreicht wurde.

Fiat startete eine Werbekampagne mit attraktiven Drucksachen in vielen europäischen Ländern, so auch in Deutschland, aber da hatte der beachtliche Schlepper nach dem verlorenen Krieg keine Absatzchance. Anders in England, wo etliche verkauft wurden. Die Steam Fair präsentierte im vergangenen Jahr gleich zwei dieser sehr seltenen Schlepper, beide in betriebsbereitem Zustand, einer davon natürlich wieder aus der Sammlung Moffit.

Die unmittelbare britische Antwort auf den Fordson jedoch war der Austin, bei dem ein Vierzylinder-

Vergasermotor (3 125 cm³, 20 hp bei 1 200 U/min) aus der Automobilproduktion mit einem Dreiganggetriebe (1 R) verblockt war. Der Motor war zu diesem Zweck mit einer anderen Ölwanne versehen worden, die Umlaufkühlung mit Ventilator und Pumpe sowie die Zündanlage wurden vom Automobil unverändert übernommen. Für den Betrieb mit Petroleum wurde ein spezieller Zenith-Vergaser eingebaut, die Schmierung erfolgte durch eine Zahnradpumpe. Das Gewicht des Schleppers betrug beachtliche knappe 1,5 Tonnen.

Die Produktion des Austin begann 1918 und wurde bis 1924 in England, in Frankreich sogar bis 1932 aufrecht erhalten.

Auch die International Harvester Companie hatte den Erfolg des Fordson registriert und mußte auf ihn reagieren. Ja, man hatte ganz offensichtlich ungefähr gleichzeitig begonnen, über einen Allzweckschlepper für amerikanische und britische Farmer – und das hieß, zumindest für Europa, kleine bis mittlere Betriebsgrößen – nachzudenken, denn im Jahr 1917, also im gleichen Jahr wie der Fordson, erschien der Typ Junior 8-16, auf den etwas näher einzugehen lohnt.

Die Antwort der großen International Harvester Company (IHC) auf den Fordson war ein Schlepper, der einerseits den Fortschritt der Technik verkörperte, andererseits ebenso deutliche Merkmale der vergangenen Epoche aufwies – wenn man so will, eine unentschiedene Lösung. Gegenüber „Mogul" und „Titan" war der neue Typ, der ab 1917 unter der Bezeichnung „Junior 8-16" gebaut wurde, eine völlig andere Erscheinung. Zwar handelte es sich bei ihm nicht um eine rahmenlose Blockkonstruktion, weil die IHC damals (und für die nächsten 30 Jahre auch nicht) über einen dafür geeigneten Motor verfügte,

Der britische Austin mit Vierzylinder-Vergasermotor

jedoch war dieser Schlepper ansonsten in allen wichtigen Daten und Abmessungen mit dem Fordson vergleichbar. Er hatte ein Gewicht von lediglich 1,6 Tonnen. Sein dreifach gelagerter, stehender Vierzylindermotor (Bohrung 101,6, Hub 127 mm, Hubraum 4164 cm³) mit hängenden Ventilen gab acht Zughaken-, 16 Riemenscheiben-hp bei 1 000 U/min ab. Das Aggregat verfügte über Hochspannungs-Magnetzündung, auswechselbare Zylinderlaufbuchsen und ein Schmiersystem mit Zahnrad-Ölpumpe: welch ein Unterschied zu den schweren, langsamlaufenden Motoren früherer IHC-Schlepper, die ja parallel in großen Stückzahlen gefertigt wurden! Das moderne Aggregat stammte aus der LKW-Produktion des Unternehmens.

Ein äußerst ungewöhnliches Detail war der zwischen Motor und Kraftstofftank, also vor dem Schlepperfahrer plazierte Kühler.

Höchst problematisch erscheint die Tatsache, daß der Motor während der ersten zwei Baujahre ohne Luftfilter auskommen mußte! Gerade in der Landwirtschaft war die Luft oft sehr staubhaltig, etwa beim dreschen. Die Hersteller von Motoren und Schleppern unternahmen große konstruktive Anstrengungen zur Reinigung der Ansaugluft, aber der IHC „Junior 8-16" kam erst ab Baujahr 1919 in den Genuß eines nassen Luftfilters, der die gröbsten Staubpartikel von seinem Innenleben fernhielt. Angesichts solcher Fakten (vergleichbar wäre das völlig unverständliche, jahrelange Fehlen eines Rückwärtsganges bei den schweren, unhandlichen Tragpflügen von Robert Stock – aber das ist eine andere Geschichte) fragt man sich, wo da der Erfahrungsschatz eines so erfogreichen Herstellers wie der IHC verblieben war.

Auch die Lenkung des „Junior 8-16" entsprach dem modernen Automobiltyp. Beim Antrieb sah es hingegen anders aus. Das Schieberad-Getriebe verfügte über drei Vorwärtsgänge und einen Rückwärtsgang, durch querliegende Wellen wurde die Kraft auf die durch veraltete Ketten angetriebenen, hinteren Speichenräder übertragen. Mit zahlreichen, wichtigen Verbesserungen blieb der „Junior 8-16" bis zum Jahr 1922 im Produktionsprogramm der IHC. Ein weiteres, absolut zukunftsweisendes Detail des durch seine schräg nach vorn stark abfallende Motorhaube und die ungewöhnliche Anordnung des Kühlers auch äußerlich unverkennbaren „Junior 8-16" war seine serienmäßig vorhandene Zapfwelle. Die IHC kann zwar nicht als deren Erfinder gelten (eine Frontzapf-

Zweiseitiger Verkaufsprospekt der Standard-Motorpflug GmbH von 1914

welle gab es bereits im Jahr 1904 bei einem Schlepper des britischen Konstrukteurs John Scott), aber hier war der erste Schlepper mit nennenswerten Stückzahlen, der diese Ausstattung besaß.

Eigentlich hat der Schlepper, der nun kommt, nichts mit den bisher vorgestellten Vertretern der frühen Epoche zu tun. Hinzu kommt, daß wir für ihn einen Sprung um 10 bis 15 Jahre nach vorn machen müssen. Vor einiger Zeit veröffentlichte ich in der Zeitschrift „Schlepper-Post" die gesamte Geschichte der legendären Marshall-Schlepper aus Gainsborough. Über deren gewaltigen Colonial Tractor war im ersten Teil dieses Berichts zu lesen.

Auch darvon, daß die Belegschaft dieses Traditionsunternehmens auf die Steamer eingeschworen war und den Verbrennungsmotor ablehnte. Als sich die Unternehmensleitung Ende der zwanziger, Anfang der dreißiger Jahre dazu entschloß, die Produktion eines modernen Schleppers aufzunehmen und zu diesem Zweck in Lizenz-Verhandlungen mit der Firma Lanz in Mannheim eintrat, schlug ihr die massive Ablehnung der Dampf-Leute in ihrem Haus entgegen. Es war nicht möglich, beide Maschinen in einer gemeinsamen Fabrikhalle zu bauen, und auch das schöne Firmenwappen, die triumphierende Britannia, blieb dem Schlepper versagt!

Bei Marshall hatte man den Lanz Bulldog vor Augen gehabt, der Zwölfer (HL) und der 22/28 PS Verdampfer (HR 2) waren in Gainsborough genauestens studiert worden, auch wurden stationäre Glühkopfmotoren nach dem Vorbild des Ortbulldogs gebaut. Aber die Gespräche mit den Mannheimern führten zu keinem Ergebnis, eine Lizenz-Produktion des Bulldogs kam nicht zustande. Marshall & Sons entschlossen sich zur Verwirklichung einer eigenen Konstruktion, bei der man einerseits dem Konzept des Bulldogs folgte (längsliegender, großvolumiger Einzylinder-Zweitaktmotor), andererseits aber einen völlig anderen Weg einschlug: Der Marshall ist ein echter Dieselschlepper – einer der ersten überhaupt!

1930 hatte der Marshall Typ „E", bekannt geworden als „15/30", seinen ersten Auftritt, und zwar gleich mit einem spektakulären Erfolg: Beim World Tractor Trial in Wallingford (siehe Jahrbuch Traktoren 2002) schnitt er als bester Diesel-Schlepper ab und landete hinter dem Vorbild, dem 15/30er Kühler-Bulldog (HR 5) auf dem zweiten Platz.

Der hochverdichtete Dieselmotor wurde von der linken Seite mit Hilfe von Glimmpapier und Dekompressionsventil per Handkurbel angedreht. Er leistete bei 550 U/min gemessene 21,4 hp am Zughaken, 29,1 hp an der Riemenscheibe, die maximale Zughakenkraft betrug 2135 kg.

Bei den ersten Exemplaren war noch der Ratschen-Öler der Steam-Engines vorhanden, der aber bald durch eine von der Kurbelwelle angetriebene Ölpumpe ersetzt wurde. Zur Erleichterung des Startvorgangs konnte Benzin oder Paraffin eingespritzt werden, nach der ersten Zündung lief der Motor durch einen entsprechend gewählten Einspritzzeitpunkt zuverlässig im Uhrzeigersinn. Über dem Zylinderkopf steht ein großer Gitternetzkühler, eine durch Riemen und Schnecke angetriebene Pumpe sorgte für den Umlauf von 55 Litern Wasser.

Am linken Kurbelwellenende befindet sich die Mehrscheibenkupplung, das quer eingebaute Getriebe verfügt über drei Vorwärtsgänge und einen Rückwärtsgang. Die Handbremse wirkte auf die Hinterräder, als Betriebsbremse war eine auf das Getriebe wirkende Fußbremse vorhanden.

Trotz des Erfolgs in Wallingford verlief die Serienproduktion des Marshall 15/30 quälend langsam, von vielen technischen Problemen und Rückschlägen begleitet (vor allem der ständig klemmende Kolben der Einspritzpumpe sorgte für Ärger) und, unter wirtschaftlich bedrohlichen Umständen, kam es nur zu geringen Stückzahlen. Viel eher kann man von einer handwerklichen Einzelfertigung als von einer Serie sprechen, zumal kaum ein Exemplar dem anderen glich: Marshall bemühte sich, jeden Kundenwunsch zu realisieren.

Mit 315 Pfund war der Schlepper mehr als doppelt so teuer wie der Fordson F – auch das stand einem Verkaufserfolg im Weg. Kleinste Stückzahlen wiederum verhinderten eine wirklich effektive Beseitigung der Mängel, die aufwendige Mehrscheibenkupplung mußte einer einfachen Konuskupplung weichen, die Einspritzpumpe wurde im Lauf der Entwicklung von Bosch bezogen. Das Gewicht des Schleppers betrug, je nach Ausführung und Ausstattung, bis zu 3,5 Tonnen – auch damit lag er im Bereich der großen Mannheimer und zielte gleich diesem auf einen bestimmten Käuferkreis in Landwirtschaft, Industrie und Gewerbe.

Auch die treuesten Marshall-Kunden, die Schausteller (Showmen) und die Leute vom Schwertransport (Heavy Haulage) verloren schließlich die Geduld, waren sie doch absolute Qualität und Zuverlässigkeit von den Steam Engines aus Gainsborough gewöhnt. Der Schlepper wurde dann aber von keinem Geringeren als dem Motoren-Experten Harry Ricardo überarbeitet zum Nachfolgemodell „18/30".

Hier, auf der Steam Fair 2002, stand der einzige erhaltene Marshall 15/30 endlich einmal in seiner ganzen Schönheit vor mir. Deshalb (und weil ich ein bekennender Fan der britischen Einzylinder bin) mußte ich ihn in dieser Geschichte unterbringen!

Wir sind nun bis in die frühen dreißiger Jahre vorgerückt, die Frühzeit der Traktoren war endgültig abgeschlossen, auch in England, aber immer noch spielte die Frage des Schleppergewichts eine entscheidende Rolle.

Wir haben gesehen, daß Harry Ferguson während des Weltkrieges die Vertretung des Overtime für Großbritannien übernommen hatte, überzeugt von der Idee, daß ein Schlepper so leicht wie möglich sein müsse. Er experimentierte mit Umbauten des berühmten Ford T-Automobils, er war am Fordson F in höchstem Maß interessiert – und ging doch einen eigenen, revolutionären Weg. Seine Überlegungen galten nicht primär dem Schlepper selbst, sondern dem Pflug, der bis dahin ebenfalls schwer und primitiv war. Als der Fordson auf dem Markt erschien, entwickelte er für ihn einen modernen Anbaupflug, der durch die halbstarre „Duplex-Kupplung" mit dem Schlepper verbunden war. Sie hielt den Pflug zuverlässig auf Arbeitstiefe und verlagerte gleichzeitig sein Gewicht auf den Schlepper, dessen Zugkraft dadurch gesteigert wurde. Konsequent verfolgte Ferguson diesen Gesichtspunkt. Alle Landmaschinen für die Bodenbearbeitung sollten in dieser Weise einsetzbar sein und die Kombination von Schlepper und Gerät war das zentrale Anliegen seiner konstruktiven Überlegungen. Sie führten schließlich zur Erweiterung der „Duplex-Kupplung" um einen weiteren Lenker, zum Heben und Senken wurde im Schlepper-Heck ein vom Motor angetriebenes Hydraulik-System installiert: Die erste Dreipunkt-Hydraulik der Schlepper-Geschichte wurde 1933 mit einem Prototyp, dem „Black Tractor" von Harry Ferguson, in seiner Fabrik in Belfast vorgestellt, im Design ein typischer Fordson, mit einem amerikanischen Hercules-Motor und einem Getriebe von David Brown. Durch die Verwendung von Aluminium war das Schleppergewicht auf sensationelle 812 kg gesenkt worden!

Die Traktion der Hinterräder war ja, dank des Anbausystems, nicht mehr allein vom Gewicht des Schleppers abhängig.

Der „Black Tractor" steht heute im Londoner Museum of Science. Ich vermute, noch nicht einmal den Organisatoren der Great Dorset Steam Fair dürfte es gelingen, ihn dort herauszulotsen. Aber immer wieder einmal, so auch im vergangenen Sommer, findet man dort eines der seltenen ersten Serienmodelle, die ab 1936 in der Fabrik von David Brown gebaut wurden.

Bei Massey Ferguson, wie bei allen anderen Herstellern, ist der Leichtbau Geschichte: MF 8270, Baujahr 2003

In den „Ferguson-Brown" oder auch Ferguson Typ „A" genannten Schlepper flossen sämtliche bis dahin gewonnenen Erkenntnisse des irischen Konstrukteurs ein. Er verfügte zunächst über einen Vierzylinder-Petrol/TVO-Motor von Coventry Climax (2010 cm³), der bei 1400 U/min 20 hp abgab. Später übernahm David Brown die Fertigung des Aggregats, das mit dem Getriebe (3 V / 1 R) verblockt war, auch die Kupplung war im Getriebegehäuse untergebracht. Zunächst arbeitete die Dreipunkt-Hydraulik nur bei laufendem Motor, aber dieses Hindernis wurde bald überwunden. Ein größeres Problem stellte die Tatsache dar, daß es außer den von Ferguson selbst entwickelten und gebauten Anbaugeräten keine anderen auf dem Markt gab – der volle Erfolg des Konzeptes konnte sich aber erst durch die Kombination von Schlepper und Gerät einstellen. Dies und der vergleichsweise hohe Preis der Ferguson „A", der mehr als das Doppelte des Fordson ausmachte, verhinderte zunächst noch den ganz großen Erfolg. Auch technische Probleme mußten eliminiert werden, so stellte sich die Verwendung des leichten Aluminiums als nicht empfehlenswert heraus. Getriebeschäden, wohl auch durch fehlerhafte Bedienung hervorgerufen, machten bald von sich reden. Harry Ferguson weigerte sich allen kritischen Einwänden zum Trotz mit aller Entschiedenheit, eine massivere Konstruktion auch nur in Erwägung zu ziehen und hielt an seinem Credo vom Leichtbau (und übrigens auch am Vergasermotor) unbeirrbar fest: Der „Ferguson-Brown" wog weiterhin deutlich weniger als 1000 kg. Mit ihm kam das berühmte „Battleship Grey", das auch die späteren Modelle von Ferguson auszeichnete, die berühmten „little grey Fergies" der TE-Serie aus den frühen fünfziger Jahren.

Immerhin wurde der Schlepper von 1936 bis 1939 in 1250 Exemplaren, mit Eisenrädern oder Luftbereifung, gebaut, ehe sich die Wege von David Brown und Harry Ferguson trennten. Dieser wandte sich erneut Henry Ford zu, aber damit beginnt wiederum eine andere Geschichte. Was hier zu erinnern bleibt, ist, daß seit dem Ferguson-Brown ein Ackerschlepper ohne die Dreipunkt-Hydraulik nicht so recht auf dem letzten Stand der Dinge war, ungeachtet der Tatsache, daß noch rund 25 Jahre vergehen sollten, ehe die Konkurrenz das begriffen hatte – selten hat eine Erfindung einen derart nachhaltigen Erfolg gehabt.

Titel eines vierseitigen Verkaufsprospekts von 1912

Mit den riesigen Schwergewichten der Frühzeit begann diese Reise nach England und zu einigen anderen Schauplätzen, mit den nicht weniger riesigen Schwergewichten von heute wollen wir sie beenden. Ein Massey Ferguson aus der aktuellen 8200er Serie, zum Beispiel der zweitgrößte der Reihe, der 8270, bringt es mit seinem Sechszylinder-Turbomotor von Valmet (8400 cm³, 230 PS) und allen technischen Merkmalen beim Getriebe, bei der Hydraulik, beim Allradantrieb, bei den Zapfwellen, bei der Kabine usw., die einen Großschlepper des Jahres 2003 auszeichnen, auf ein Leergewicht von 9250 kg, das zulässige Gesamtgewicht beträgt mit über 14000 kg noch einmal zwei Drittel mehr. Nicht nur Harry Ferguson mag sich oben auf dem Olymp der unsterblichen Schlepper-Konstrukteure zuweilen verwundert die Augen reiben: was in hundert Jahren Technik-Entwicklung doch so alles geschehen konnte…

A. LYTHALL G. m. b. H. ▫▫▫ Neubrandenburg i. M.

Nach langem, erfolgreichem Arbeiten mit Motorschlepppflügen im Auslande sind wir nunmehr in der Lage, dem Landwirt einen selbstfahrenden Motor zu liefern, der nicht nur zum Pflügen, sondern auch zum Lastenziehen und zum Antrieb von modernen Dreschmaschinen, sogenannten Riesenmaschinen, in Verbindung mit Gebläsen und Strohpressen benutzt werden kann.

Der Motor selbst hat 4 Cylinder, von denen jeder für sich gegossen ist und für sich gekühlt wird. Der Motor kann 60 bis 70 eff. Pferdestärken bequem abgeben. Nachdem die zu seiner eigenen

Pflugschlepper von A. Lythall, Neu-brandenburg.

Fortbewegung nötige Kraft im Felde abgerechnet ist, ergiebt sich, daß er die Arbeit von 32 Ackerpferden verrichten kann. Wenn die Fahrräder ausgeschaltet sind, z. B. beim Dreschen, kann der Motor natürlich die ganzen 60 bis 70 Pferdestärken abgeben.

Zur Bedienung beim Pflügen sind 2 Mann erforderlich. Als Brennstoff kommt Benzin, Schwerbenzin oder Benzol in Betracht, doch kann der Motor auch für die anderen bekannten flüssigen Brennstoffe eingerichtet werden. Die Brennstoff- und Kühlwasserbehälter sind so bemessen, daß sie für langen Betrieb ausreichen. — Die Radreifen werden zum Transport auf Straßen den Vorschriften

Verkaufsprospekt von 1912

der Behörde entsprechend geliefert. Das Heranschaffen von Kohlen und Wasser wie beim Dampfpflug fällt fort. Der Motor ist nach jeder Richtung hin beweglich und hat außerdem eine Seiltrommel mit Drahtseil von ca. 45 m Länge. — Auf normalen Wegen kann die Maschine Lasten von 600 Ztr. bequem ziehen.

Zum Schälen und Pflügen bis zu 8 Zoll Tiefe empfehlen wir einen achtscharigen Pflug, zum Tiefpflügen bis zu 14 Zoll einen fünfscharigen Pflug. — Die Pflüge sind so eingerichtet, daß jeder Körper einen Pflug für sich bildet, der unabhängig von den andern Körpern arbeitet und eingestellt werden

kann. Die einzelnen Pflugkörper und Teile sind untereinander auswechselbar. Gewöhnliche Steine im Acker überspringen die Körper selbsttätig. — Das Material der Streichbleche und Schare besteht aus besonders gehärtetem und poliertem Panzerstahl und ist im Vergleich zu den bekannten Materialien fast unverwüstlich.

Die stündliche Leistung richtet sich nach der Tiefe der Pflugarbeit, da die Schnelligkeit der Vorwärtsbewegung der Maschine hiervon abhängt. Im Durchschnitt leistet der Apparat beim Schälen ca. 3 bis 4 Morgen pro Stunde. Jede Schar nimmt über 35 cm weg. Die normale Geschwindigkeit

Verkaufsprospekt von 1912

A. LYTHALL G. m. b. H. ▫▫▫ Neubrandenburg i. M.

beim Pflügen schwankt zwischen 3 und 3,6 km pro Stunde. Es ist eine zweite Übersetzung vorhanden, die beim Fahren auf Straßen und beim Lastenziehen eine Geschwindigkeit von ca. 6,4 km pro Stunde gewährleistet.

Die Betriebskosten richten sich nach der Bodenbeschaffenheit und der abgegebenen Arbeitsleistung.

Wir halten uns zur Rücksprache mit ernstlichen Reflektanten und mit genauen Kostenanschlägen auf gefl. Anfragen hin zur Verfügung und bitten um rechtzeitige Aufträge.

Buchdruckerei des Waisenhauses in Halle a. d. S.

Verkaufsprospekt von 1912

Trotz Rost noch rüstig

Kramer K15

von Rudi Heppe

Schon als Kind hat mich das Gespann unseres Nachbarn fasziniert: Ein Kramer „K 15" mit angehängtem Deering-Grasmäher. Der Sohn steuerte den Schlepper, während der Vater den Dienst auf der Mähmaschine übernahm. Dieses Schauspiel konnte ich mehr als zwei Jahrzehnte fast jeden Sommer beobachten, wenn beide gemeinsam ihre Wiese mähten.

Nachdem Vater und Sohn ihren Nebenerwerbsbetrieb auf den Getreideanbau reduzierten, stellte sich die Frage nach dem Verbleib des Grasmähers. Die Antwort war überraschend: „Noch benötigen wir ihn für die Feldränder." Aber nachdem sie mein wohl enttäuschtes Gesicht gesehen hatten, hieß es im weiteren Gesprächsverlauf: „In absehbarer Zeit benötigen wir einen neuen Schlepper – dann gehört der Grasmäher dir." Super!

Der Kramer versah weiterhin seinen Dienst mit einem – für seine Dimension – gewaltigen Einachshänger. Das Multitalent von Anhänger war ein Produkt aus dem Hause „Fristein". Der Wagen konnte umgebaut werden zum Ladewagen mit Pick-up-Haspel, zum Ernteguttransporter oder Dungstreuer. Ein voll beladener Anhänger mit Getreide erforderte die gesamte Motorleistung des Kramers. Etwas ähnliches wie „Erholung" mußte das anschließende Pflügen mit dem Ein-Schar-Schwenk-Pflug für den betagten Schlepper sein.

Letzter Einsatz: Kramer K 15 mit Saxonia-Sämaschinne

Kramer
Zwischenachs-Geräte
am KL 11 u. K 15
IM BLICKFELD
DES FAHRERS
bieten
ein Höchstmaß an
Arbeitserleichterung
Kramer
SEITEN- BEET WECHSEL -PFLUG
DRILLMASCHINE
HACKMASCHINE
KARTOFFELLEGEMASCHINE
Die 11 und 15 PS KRAMER-Schlepper finden vorzüglich in kleineren und mittleren Betrieben Verwendung, weil sie die **Vollmotorisierung** dieser kleineren Betriebe ermöglichen. Zur Ergänzung ihrer universellen Arbeitsmöglichkeiten sind zu diesen Schleppern mit sehr hoher Bodenfreiheit die hier aufgeführten neuartigen Geräte entwickelt. Ihre Anbringung zwischen den Achsen, im Blickfeld des Fahrers, gestattet ein ganz neues Arbeiten und Einsparung von Hilfskräften. - **Für mittlere und größere Betriebe sind sie die Maschinen, die das Hacken, Kartoffelsetzen und Säen vollmotorisiert übernehmen.**

Einsatz heute: Pflege der Streuobstwiese

Die Zeit verging. Jahr für Jahr konnte man den Kramer im Frühjahr bei der Feldbestellung sehen: im Sommer beim Ausmähen der Feldränder und im Herbst im Ernteeinsatz. Von einem neuen Schlepper keine Spur.

Die Überraschung kam im Frühling. Der Sohn steuerte bei der Feldbestellung einen Fiat-Schlepper. Selbst bei der Arbeit galt es jetzt, sofort einzuhalten, um nach dem Verbleib des Grasmähers zu fragen. Die Antwort: „Den brauch ich noch – der neue hat kein Mähwerk." Hier war Geduld gefragt! Doch dann stockte mir der Atem, als ich gleich darauf die Frage vernahm: „Weißt du, wer wohl den alten Kramer gebrauchen kann? Er hat zwar noch TÜV und eine fast neue Batterie – aber er zieht keinen Hering mehr vom Teller! Um den Schlepper beim Schrotthändler zu entsorgen, müssen die Reifen abgezogen und die Öle abgelassen sein", fuhr der Besitzer in seinen Ausführungen fort. „Dort bekomme ich dann zweihundert Mark – das war's dann."

Es folgte ein verlockendes Angebot: „Wenn du ihn willst, gib mir einen Blauen – dann gehört er dir." Bei dieser Preisforderung war ein weiteres Handeln aus meiner und seiner Sicht ausgeschlossen. Immerhin war im Kaufpreis von 100 DM der komplette Schlepper mit dem noch angehängten Ein-Schar-Pflug enthalten.

Noch am gleichen Abend sollte der Kramer seinen Besitzer wechseln. Der Weg vom Nachbarort bis zu mir nach Haus war eigentlich nur wenige Kilometer, doch bei der Motorleistung hatte der Vorbesitzer nicht zu viel versprochen: Die Zugkraft war mehr als bescheiden. Das Motto „Blumen pflücken während der Fahrt verboten" war treffend. Von meinem Hanomag R 12 in Bezug auf Leistung nicht gerade verwöhnt, kam der Kramer nur in Schrittgeschwindigkeit vorwärts.

An den nachfolgenden Tagen waren Reinigungsarbeiten im großen Stil angesagt. Es galt, die Ansammlung von Staub und Acker aus mehr als vier Jahrzehnten zu beseitigen. Erst ein Dampfstrahlgerät

ließ das Original-Blechkleid im ursprünglichen Glanz erscheinen. Als nächstes folgte der Luftfilter. Die untere Einheit, eigentlich als Ölbad gedacht, bestand zu einhundert Prozent aus gesammeltem Staub. Die oberen Luftöffnungen waren zugesetzt mit Acker. Bewaffnet mit einem Schweißdraht waren etliche Abende notwendig, um die Luftzufuhr für den Motor zu gewährleisten.

Der erste Start verhalf dem Motor nicht nur zu ausreichender Luftzufuhr, sondern auch zu einem neuartigen Klang. Zurückgewonnen war außerdem die Zugkraft des 15-PS-Schleppers. Schon bei der ersten Probefahrt überraschte der Kramer durch seine ungeahnte Wendigkeit bei engen Kurvenfahrten. Zog da heimlich der nicht vorhandene Beifahrer die Einzelradbremse?

Letzter Einsatz bei den Vorbesitzern

Blick unter die Haube

Zur Abholung bereit: Kramer K 15

Des Rätsels Lösung kam wenige Tage später. Der Kramer hatte laut Kfz-Brief zwei Vorbesitzer. Und plötzlich meldete sich der Erstbesitzer, um mir die fehlenden Papiere für den Schlepper zu geben. Er gestand, sie erst vor kurzem gefunden zu haben und händigte mir jetzt Betriebsanleitung, Ersatzteilliste, Prospekt und Andrehkurbel aus.

Kramer K 15 mit Niemeyer-Wechselpflug

Kompakte Einheit: 2F-Getriebe und MWM-Motor

Der Kabelsatz wartet auf Erneuerung

In der Betriebsanleitung erklärte sich die auffällige Wendigkeit beim Kurvenfahren: Der Kramer K 15 hatte eine „serienmäßige Lenkbremse". Betätigt wird diese über den Einschlag des Lenkrades. Mit zunehmendem Einschlag wird die Einzelradbremse der jeweiligen Seite betätigt. Bei der Vielfalt der Schlepper, die ich fahren durfte, war eine solch komfortable „Lenkbremse" nicht zu finden gewesen.

Als nächste Arbeitsschritte folgten die Entfernung des „Fritzmeier-Verdecks" und die komplette Neuinstallation der elektrischen Anlage. Das geschundene Blechkleid sollte jedoch erhalten bleiben. Mit einem neuen Lacküberzug sieht der Schlepper aus, als hätte

Geschützte Scheinwerfer hinter der Motorhaube

Gewöhnungsbedürftig die drei Bremspedale

er erst vor wenigen Tagen die Fabriktore in Überlingen am Bodensee verlassen. Mit seinem jetzigen Outfit kann man ihm die Qualen der vergangenen Jahrzehnte nicht ansehen – auch wenn ein großer Teil der Oldtimerfreunde anderer Ansicht ist.

Mit dem wassergekühlten Zweizylinder-MWM-Dieselmotor entfacht der 15-PS-Schlepper – im Gegensatz zum Hanomag R 12 – heute sein „feuriges" Temperament. Sein Gnadenbrot verdient sich der Schlepper mit der Pflege einer Streuobstwiese. Gelegentliche Einsätze bei Ernte- oder Pflugarbeiten bei benachbarten Heimatvereinen oder Schleppertreffen werden dem Kramer noch zugemutet.

Spartanisch die Bedienungselemente

Das „Aus" für den Motor ist vorne rechts

Mensch, Tier, Dampf und Kraftstoff

Historische Landtechnik

von Georg G. Guthmann

Auf der hessischen Staatsdomäne Baierroder Hof bei Nidderau findet in jedem Jahr eine Präsentation historischer Landtechnik statt. Veranstalter ist die Interessengemeinschaft historischer Landmaschinen Wetterau, Main, Kinzig e.V.

Anno 1139 wird der Baierröder Hof erstmalig erwähnt, ab 1945 ist es die hessische Staatsdomäne. Auf diesem geschichtsträchtigen Gutshof findet jährlich im August eine zweitägige Schau alten Landbaus statt. Historische Traktoren und Zugmaschinen werden aufgefahren, man kann beim Dampfdreschen oder Wettpflügen dabei sein und von Schleppern oder Tieren angetriebene Arbeitsmaschinen aus längst vergangenen Zeiten bewundern.

Daneben gibt es ein umfangreiches nicht technisches Rahmenprogramm: Folkloristische und musikalische Darbietungen, Streichelzoo, Schafschau und andere Attraktionen, bei denen auch Kinder auf ihre Kosten kommen.

Händler bieten Werkzeuge, Fachliteratur und Modelle an. Abgerundet wird die Schau durch eine Ausstellung alter Fotografien des Landlebens in der Region, bei der auch die Härte des Bauernlebens vergangener Zeiten deutlich wird. Am Rande werden zudem moderne Landtechnologien vorgestellt.

Die sehr günstige Preisgestaltung bei Eintritt, Speis und Trank bietet auch grösseren Familien ein gelungenes Wochenende. Die Veranstaltung ist leider nur mit dem Auto gut zu erreichen, Parkplätze sind auf einem freien Feld reichlich vorhanden.

IFA Pionier mit 40 PS aus DDR-Zeiten, gebaut von 1948-1951 bei VEB Sachsenring in Zwickau, danach bis 1960 im VEB Schlepperwerk Nordhausen. Ein unrestaurierter Scheunenfund

BMW Farmobil-Kleintransporter für die Landwirtschaft mit dem Motor des BMW 700, Zweizylinder-Boxer-Motor mit 32 PS, Höchstgeschwindigkeit bis zu 90 km/h, Hinterachse mit Sperrdifferential. Eine gestalterische Verwandtschaft mit dem Steyr-Push-Haflinger ist nicht zu verleugnen

Kramer Allrad, das Gutmadinger Gegenstück zum Unimog. Bei Erscheinen 1957 mit 54/80 PS stärker als der Gaggenauer

Claas Mähdrescher Columbus mit 1,8 m Schnittbreite mit dem 34 PS Perkins-Dieselmotor in der letzten Lieferform in astralgrüner Lackierung mit Krontank. Die Standardmotorisierung war ein VW-Industriemotor

Ein Ursus C 45, der noch 1941 gebaut wurde. Glühkopfbulldog mit modernem Elektrostarter, der 45 PS leistet

Eine Balkenkreissäge, von einem Lanz Bulldog angetrieben, verwandelt Baumstämme in Balken

Pflügen mit einem wechselseitigem Einscharpflug mit mechanischer Aushebung, angebaut an einem Normag Faktor I

Weiterverwendung der Gespannwagen hinter dem Traktor, mit einer geänderten Deichsel ging das

Landbau wie seit Generationen: Mensch und Tier, zwei „echte“ PS mit Landwirt beim Pflügen

„Fägmihl“ – hessischer Begriff für eine Getreidereinigungsmaschine, angetrieben von einem Schlepper

„Holt den Burischek...!"

Ein Porträt über den Schlepperhersteller Ernst Burischek

von Wolfgang Wagner

Die historische Schlepperszene ist mittlerweile fast 30 Jahre alt und hat neben den „Großen" der Zunft auch mittlere und kleine Schlepperfabrikanten sowie „Eintagsschmieden" umfassend erforscht und dokumentiert. Aber auch ein „weißer Fleck" tut sich nach sorgfältiger Recherche oder zufällig hin und wieder auf und ich freue mich an dieser Stelle besonders, allen Schlepper- und Oldtimerfreunden mit diesem kleinen Portrait einen vergessenen Pionier dieser Branche vorstellen zu können. Die Rede ist von dem Kraftfahrzeugmechaniker und „Selfmademann" Ernst Burischek, Konstrukteur und Hersteller einer Kleinserie von allradgetriebenen Kleinschleppern der Marken „Kleinland" und „Pony" in den Jahren von 1949-1956 in Bayern.

Ernst Burischek wurde am 14. April 1904 als vierter Sohn einer Arbeiterfamilie in Märisch Schönberg (damals Österreichisch Ungarische Monarchie, heute Tschechin) geboren. Bereits mit sieben Jahren verlor er seinen Vater durch einen Unfall. Er wuchs in bescheidenen, ärmlichen Verhältnissen auf und absolvierte nach dem Volksschulabschluss eine Lehre als Feinmechaniker und Maschinenbauer. Durch sein technisches Verständnis, Fleiß, Können und Geschick wurde er bald in seiner Stadt als der Fachmann bekannt, der für jedes auftretende Problem eine Lösung anzubieten hatte. Mährisch Schönberg war Zentrum der Nordmährischen Textilindustrie. Viele Spinnereien, Seiden-, Tuch- und Leinenwebereien hatten sich hier bereits angesiedelt. Die Entwicklung der Stadt zwischen den beiden Weltkriegen war eng gekoppelt an die Entstehung neuer Industriezweige. Im Jahre 1937 waren hier bereits 50 Fabrikunterneh-

Ernst Burischek, 1904-1998, im Gespräch und mit seinem Praga-Picolo, Baujahr 1925, vor der Montagehalle des zuletzt gebauten Kleinland-Schleppers

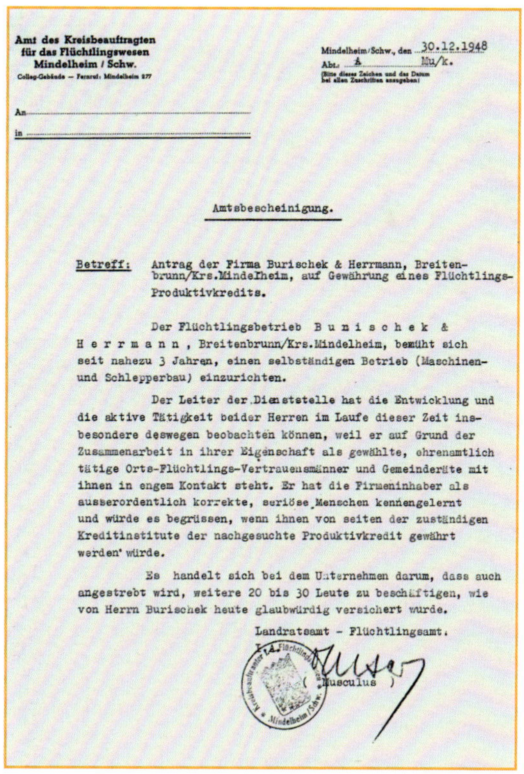

Amt des Kreisbeauftragten
für das Flüchtlingswesen
Mindelheim / Schw.
Colleg-Gebäude — Fernruf: Mindelheim 277

Mindelheim/Schw., den 30.12.1948
Abt.: A Mu/k.
(Bitte dieses Zeichen und das Datum bei allen Zuschriften angeben!)

An ....
in ....

Amtsbescheinigung.

Betreff: Antrag der Firma Burischek & Herrmann, Breitenbrunn/Krs.Mindelheim, auf Gewährung eines Flüchtlings-Produktivkredits.

Der Flüchtlingsbetrieb B u n i s c h e k & H e r r m a n n , Breitenbrunn/Krs.Mindelheim, bemüht sich seit nahezu 3 Jahren, einen selbständigen Betrieb (Maschinen- und Schlepperbau) einzurichten.

Der Leiter der Dienststelle hat die Entwicklung und die aktive Tätigkeit beider Herren im Laufe dieser Zeit insbesondere deswegen beobachten können, weil er auf Grund der Zusammenarbeit in ihrer Eigenschaft als gewählte, ehrenamtlich tätige Orts-Flüchtlings-Vertrauensmänner und Gemeinderäte mit ihnen in engem Kontakt steht. Er hat die Firmeninhaber als ausserordentlich korrekte, seriöse Menschen kennengelernt und würde es begrüssen, wenn ihnen von seiten der zuständigen Kreditinstitute der nachgesuchte Produktivkredit gewährt werden würde.

Es handelt sich bei dem Unternehmen darum, dass auch angestrebt wird, weitere 20 bis 30 Leute zu beschäftigen, wie von Herrn Burischek heute glaubwürdig versichert wurde.

Landratsamt - Flüchtlingsamt.
I.A.
(Musculus)

Erste Schritte in die Selbstständigkeit 1948

Burischek Meisterwerkstatt in Mährisch Schönberg

Die Geburtsstätte des Kleinland-Schleppers – Werkstatt von E. Burischek in Breitenbrunn 1948

men und größere Geschäfte und Gewerbebetriebe ansässig. Für einen kompetenten Techniker ergab sich somit fachlich ein großes Betätigungsfeld. Wenn es dann irgendwo technische Probleme gab, hieß es: „Holt den Burischek!", und der Schaden wurde behoben.1922 erwarb er seinen Führerschein (Klasse 1 und 2) und legte 1927 nach einem zweijährigen Besuch der Fachschule für Maschinenbautechnik in Brünn den Meisterbrief des Kfz-Handwerks vor der Handwerkskammer Mährisch Schönberg ab. Sein Meisterstück war ein Eigenbau-Motorrad, dass er umgehend verkaufen konnte um sich dann sein erstes Auto, ein Praga Picolo Baujahr 1925, zulegte. Als Meister des Kraftfahrzeughandwerks war er zudem eingetragenes Mitglied in der Industrie- und Handelskammer Tropau. „Zwangsläufig" gründete Ernst Burischek im gleichen Jahr dann eine Autoreparaturwerkstatt im Hinterhof einer Gaststätte. Er handelte neben der Reparatur auch mit „fabriksfertigen" Autoteilen . Der Boom der Motorisierung zwang ihn, bald in größere Räume umzuziehen und er übernahm Werksvertretungen für Motorräder und Automobile (Indian, DKW, NSU, Praga und Tatra).

Ab 1936 führte Burischek eine Opel-Vertretung, bis sein Betrieb kriegsbedingt für Rüstungszwecke eingesetzt wurde. Er reparierte nunmehr Armeefahrzeuge und Panzer für die Wehrmacht. Mit der Vertreibung aus dem Sudetendeutschland nach Kriegsende verlor er seine Existenz und mußte Gewerbeschein und Handwerkskarte an die tschechischen Behörden abgeben. Nach einjähriger Gefangenschaft führte ihn sein Weg mit seiner wieder gefundenen Ehefrau in den „Westen" nach Bayern. Unter entbehrungsreichen Umständen gelang es ihm im Unterallgäu zunächst, sich mit kleinen Reparaturen in der Landwirtschaft durchzuschlagen. Die Wende brachte dann ein Bauer, der unbedingt von ihm für die alten Ziehwege auf die Alphütten einen Traktor gebaut haben wollte. Aus einer verkürzten Ford-LKW -Hinterachse und einen in Mannheim – gegen ein halbes Schwein im Tausch – erworbenen fabrikneuen MWM-Motor schraubte Ernst Burischek seinen ersten Schlepper zusammen. Der Wunsch, sich wieder selbständig zu machen ließ ihm keine Ruhe mehr.

In den Jahren 1947/48 konnte er unter Mühen ehemalige Mitglieder der sudetischen Handwerkskammer ausfindig machen, welche mit eidesstattlichen Erklärungen seine Qualifikation als Meister des Kfz-Handwerks sowie seine Mitgliedschaft in der Meisterprüfungskommission belegen konnten. Endlich wurde er nach vielen administrativen Hürden am 20. August 1948 bei der Handwerkskammer Schwaben-Augsburg als Inhaber eines Kraftfahrzeugmechanikerbetriebes in die Handwerksrolle eingetragen. In einem kleinen Werkstattgebäude in Breitenbrunn befasste sich Ernst Burischek jetzt neben kleineren Reparaturaufträgen mit dem Handel und Vertrieb von landwirtschaftlichem Zubehör, welches er in kleinerem Umfang auch selbst herstellte. Doch die Bauern der Umgebung benötigten für ihre Moorböden und steilen Hanglagen geländegängige Traktoren – einen Unimog gab es noch nicht – und konfrontierten ihn häufiger mit dem Wunsch nach einer solchen Maschine.

Im Nachkriegsdeutschland, insbesondere in den alpennahen bewirtschafteten Gegenden herrschte fast ausschließlich der Gespannbetrieb vor. Kleinschlepper von Kramer, Fendt u. a. waren nur bedingt „hang- und bergtauglich". Die Anschaffung eines

Erste Generation Kleinland-Schlepper mit 12 PS Zanker-Motor und Zanker-Motorhaube 1949

Das Zanker-Dreieck (Kühlergrill) wurde bei Burischek auf den Kopf gestellt montiert

Georg Wille aus Hamburg-Bergedorf war einer der ersten Allrad-Pioniere nach dem Krieg

Großschleppers in Kategorien ab 20 PS aufwärts scheiterte für den bäuerlichen Familienbetrieb ohnehin schon aus Kostengründen. Der ungeheuere Nachholbedarf der deutschen Landwirtschaft indes führte zu einem ernormen Aufbau der Schlepperindustrie und bescherte auch örtlichen Kleinbetrieben und Einzelunternehmern fast unbegrenzte Entwicklungs- und Konstruktionsmöglichkeiten – unbeschadet ihrer späteren Praxistauglichkeit und Marktfähigkeit. So experimentierte im Norden bereits 1946 die Firma Georg W. Wille in Bergedorf mit allradgetriebenen Kleinschleppern unter Verwendung von Achs- und Getriebekomponenten des Willys-Jeep aus zurückgelassenen Beständen der US-Armee. Diese wurden über die STEAG, einer staatlichen Vermarktungsstelle von Staatsgut, vertrieben. Auch Ernst Burischek erwarb hier seine ersten Unfallfahrzeuge für die konstruktive Umsetzung seines nun fest gefassten Vorsatzes, den Bauern im Allgäu eine bergtüchtige Allradzugmaschine zu liefern.

Auf eine eigene Rahmenkonstruktion wurde zunächst ein 12 PS Zanker-Motor mit Handstartvorrichtung montiert und über eine Kardanwelle mit dem Getriebe bei einer Untersetzung von 3:1 verbunden. Die getriebene Vorderachse pendelte mittig fest in einem geführten Lager unter dem Motorblock. Die ersten Schlepper wurden ab 1949 als Allgäuer Allradschlepper unter der Markenbezeichnung „Allgäuer Allrad" verkauft. Die Maschinen wurden mit selbst gefertigten Radschutzblechen und zweckmäßigen Motorhauben aus gerade verfügbaren Karosserieelementen unterschiedlicher Anbieter (Zanker, Fendt, Schlüter sowie Anbauteile und Zubehör aus dem Konfektionsbereich) ausgerüstet. In der überwiegenden Mehrzahl stammte die Motorhaube aber aus Beständen des Presswerks von Linke-Hoffmann-Busch. Die kleine Firma wurde um einen Mitinhaber erweitert und nannte sich fortan: Burischek & Herrmann Breitenbrunn, Maschinen- und Schlepperbau. Mit zunehmender „Serienreife" konnten dann mit nur wenigen Mitarbeitern in diesem Betrieb zwei „Kleinland"-Typen (15/18 PS) gefertigt werden. In wenigen Exemplaren baute Burischek für „vorgemerkte Kunden" auch einen Hinterrad getrieben Kleinschlepper, den „Pony", der von einem 9 PS Sendling-Motor angetrieben wurde. Während der 15 PS-Schlepper mit einem modifizierten Zanker – Motor der zweiten Generation (mit elektrischem

Der neue

„Kleinland"

18 PS luftgekühlt

der bewährte und beliebte Schlepper mit

Allradantrieb

Alle KLEINLAND-Schlepper

haben Allradantrieb und sind wegen ihrer günstigen Schwerpunktlage und Gewichtsverteilung bestens für bergiges Gelände geeignet! Die moderne, langgezogene Konstruktion bürgt für große Zugleistung bei höchster Sicherheit am Hang. Auch auf schmierigen Böden und im Sumpfgelände garantiert der Allradantrieb durch sein niedriges Eigengewicht hervorragende Leistungen!

Originalprospekt der Firma J. E. Burischek Breitenbrunn

Der

„Kleinland" Allradantrieb-Schlepper

bewältigt zufolge seiner großen Kraftreserve und Geländegängigkeit mühelos und motorschonend schwerste Lasten.

Er ermüdet den Fahrer wegen seiner vorzüglichen Fahreigenschaften auch im schwierigsten Gelände nicht. Auch steilste Hänge bewältigt er spielend und läßt beim Fahrer niemals das Gefühl der Unsicherheit aufkommen.

J. E. Burischek

MASCHINEN- UND SCHLEPPERBAU

Breitenbrunn/Kammel

Telefon Loppenhausen 10

Vertreten durch:

Originalprospekt der Firma J. E. Burischek Breitenbrunn

Der neue

„Kleinland"

Allradantrieb-Schlepper

TECHNISCHE DATEN

Getriebe:	6 Vorwärtsgänge von 0,9 – 20 km 2 Rückwärtsgänge, geräuschloses Schalten durch Synchronisierung
Achsen:	Vorderachse, gefederte Pendelachse Hinterachse, starr mit Steckachsen
Bremsen:	Öldruckbremsen auf allen vier Rädern und Handbremse auf Kardan wirkend
Bereifung:	Vorn und hinten 600 – 16, AS-Profil „Farmer"

Originalprospekt der Firma J. E. Burischek Breitenbrunn

Motor:

MWM luftgekühlt

Zweizylinder-Viertakt-
Dieselmotor
Typ AKD-311 Z
18 PS bei 2000 Umdrehungen

Bohrung:	90 mm
Hub:	110 mm
Hubraum:	1400 ccm
Kraftstoffverbrauch:	220 g PS/Std.

MWM-Motoren haben Weltruf!

Elektr. Ausrüstung:	Elektrischer Anlasser, Lichtmaschine 75 Watt, 12 Volt-Batterie, groß bemessen, 2 Scheinwerfer, 2 Schlußleuchten, elektrische Signalvorrichtung
Radstand:	1850 mm
Spur:	1250 mm
Länge:	2600 mm
Breite:	1500 mm
Fahrersitz:	Gut gefedert, leicht nachstellbar
Kotflügel:	Mit Beifahrersitzgeländer, beiderseitig
Zapfwelle:	Getriebe abhängig
Gewicht:	ca. 1050 kg, mit Mähwerk ca. 1180 kg
Sonderzubör: (auf Wunsch)	Mähwerk, Riemenscheibe, breite Ackerschiene, elektrischer Betriebsstundenzähler, gefedertes Wetterdach mit Panorama-Windschutzscheibe, Reifenfüllpumpe, Seilwinde

ABBILDUNGEN, MASSE UND GEWICHTE SIND UNVERBINDLICH

Originalprospekt der Firma J. E. Burischek Breitenbrunn

Anlasser auf Wunsch gegen Mehrpreis) bestückt wurde, erhielt der 18-PS Schlepper ein MWM-Triebwerk-AKD 11 Z. Wesentliches Unterscheidungsmerkmal war neben dem stärkeren Dieselaggregat ein Getriebe neuester Blockkonstruktion mit zuschaltbarer Differentialsperre der Hinterachse. Der normale Lieferumfang bestand aus Kühlerschutzhaube, Handgasregulierung, Armaturenbrett, Ackerschiene, Einzelradbremse und Kotflügelsitzen. Die Ausrüstung mit Sonderzubehör umfasste Mähwerk, Zapfwelle, Riemenantrieb, Betriebsstundenzähler, eine kleine Heckseilwinde mit Bergstütze sowie ein Allwetterverdeck incl. Panoramascheibe. Vordere Kotflügel wurden auf Wunsch gesondert montiert und berechnet. Unter dem Logo, „Der Schlepper für den Kleinbetrieb" (Ponny), „Der Schlepper für das Bergland" (Allgäuer Allrad 15 PS), „Der Schlepper für alle Zwecke" (Allgäuer Allrad 18 PS) wurden die ersten Maschinen aus Breitenbrunn beworben. Mit der klassischen LHB-Haube und dem Rautenemblem mit dem Schriftzug „Kleinland" im Kühlergrill sollen wenige hundert Exemplare hergestellt und auch in die angrenzenden Nachbarländer Österreich und die Schweiz geliefert worden sein. Der Kunde war voll des Lobes und der Traktor wurde wegen seiner guten Eigenschaften am Berg sehr geschätzt.

Schmunzelnd erzählt Burischek die Geschichte vom Bauern Kniesel, zu dem noch nie ein Traktor auf die Mittelbergalpe im Gunzesriedertal gekommen war, und der den Traktor zu kaufen versprach – falls er raufkäme. Burischek fuhr zur Gunzesrieder Säge, und von dort weiter den Ziehweg hinauf, und an der steilsten Stelle hielt er an. Nun sei wohl Schluss, meinte der Bauer Kniesel, aber unser Ernst sagte, er habe ihm nur zeigen wollen, dass sein Traktor da nicht nur raufkäme, sondern auch anhalten und wieder anfahren könne. So blieb der Kleinland gleich auf der Mittelbergalpe – bar bezahlt.

Norbert Lies aus DAVG -Nachrichten 1989

„Haube von der Stange", eingekauft bei LHS oder Zanker (Bautz)

Allgäuer Allrad „Kleinland" 15 PS
Technische Daten

Fahrgestell:
Massives Fahrgestell eigener Konstruktion
Motor:
Stehender Zanker -Zweitakt-Dieselmotor,
15 PS bei 1500 U/min. mit Bosch-Einspritzpumpe
und Wirbelöl-Luftfilter
Kühlung:
Wasserumlaufkühlung
Vorderachse:
gefederte Pendelachse
Hinterachse:
Starr mit Steckachsen
Getriebe:
Der BHB-Allgäuer Allrad 15 PS ist mit einem synchronisierten Getriebe ausgerüstet, welches ein vollkommen geräuschloses Schalten ermöglicht
Geschwindigkeiten:
Von ca. 2-20 km bei 6 Vorwärts- und 2 Rückwärtsgängen
Antrieb:
Wahlweise Zwei- oder Vierradantrieb
Bremsen:
4-Rad-Öldruckbremse und eine leicht nachstellbare Handbremse
Elektrische Anlage:
Komplette Lichtanlage mit 6 Volt / 75 Watt
Elektrischer Anlasser:
Wird auf Wunsch gegen Mehrpreis geliefert
Mähwerk:
Das einwandfrei arbeitende Mähwerk ist auf der rechten Seite angebracht. Antrieb erfolgt mittels zwei Keilriemen mit Spannrolle
Zapfwelle:
Auf Wunsch wird der BHB-Allgäuer-Allrad gegen Aufpreis mit Zapfwelle und Riemenscheibe geliefert
Vordere Kotflügel:
Werden auf Wunsch gegen Mehrpreis geliefert
Radstand: ca. 1800 mm
Spurweite: ca. 1240 mm
Bereifung: 600 x 16 vorn und hinten
Gesamtgewicht: ca. 1040 kg
Zugkraft: ca. 60-80 Ztr.
Dieselverbrauch: ca. 1 kg/Std. bei mittl. Belastung

Allgäuer Allrad „Kleinland" 18 PS
Technische Daten

Motor:
Stehender Einzylinder-Viertakt-MWM -Dieselmotor, 18 PS, auswechselbare Zylinderlaufbüchse, Druckumlaufschmierung, Wasserumlaufkühlung mit Kühlwasserpumpe, Kühler mit Kühlerverkleidung
Vorderachse:
Stark bemessen, geländegängig, Schwingachse, Vorderradnaben staubdicht gekapselt, in Kegelrollenlagern laufend, nachstellbar
Getriebe:
Neueste Blockkonstruktion, Zahnräder aus Spezialeinsatzstahl gehärtet, Passungen und Wellen geschliffen, Einzelrad-Lenkbremse, 4 beziehungsweise 5 Vorwärtsgänge und 1 Rückwärtsgang , Geschwindigkeiten von 3-18.5 km, bzw. von 2-30 km, Hinterachse mit Differentialsperre
Bereifung:
hinten: 5.50 x 16 (8.00 x 20) vorn: 5.50 x16
Elektrische Einrichtung:
2 Scheinwerfer, 2 Schlußleuchten, 1 Boschhorn, 1 Batterie, 1 Lichtmaschine
Elektrischer Anlasser:
gegen Mehrpreis
Bremsen:
Eine Handbremse auf Getriebe wirkend, feststellbar, Fußbremse als Innenbackenbremse auf beide Hinterräder wirkend, Einzelrad-Lenkbremse
Zapfwelle:
max. 600 U/min. gegen Aufpreis
Riemenscheibe:
max. 1750 U/min.. gegen Aufpreis
Mähwerk:
Komplett mit Mittel- oder Engfingerbalken, Keilriemenantrieb, sehr verlässlich arbeitend
Norm. Lieferungsumfang:
Kühlerschutzhaube, einstelb. Handgas, Nummernschildbefestigung, Armaturenbrett, Ackerschiene, Einzelradbremse, Kotflügelsitze
Vordere Kotflügel:
Werden auf Wunsch gegen Mehrpreis geliefert

Kleinstschlepper Kleinland „Pony"

Technische Daten laut Prospekt:

Die hervorstechendsten Eigenschaften sind Billigkeit und Leistung! Sie können alle in einem Kleinbetrieb anfallenden Arbeiten mit unserem „Kleinland-Pony"einwandfrei und billig verrichten. Der Schlepper ist mit einem 9 PS Sendling-Dieselmotor ausgerüstet. Der Kraftstoffverbrauch ist sehr gering – die Leistung sehr groß. Der Preis wird auch bestimmt Sie überraschen!

Im Zuge des unaufhaltsamen Schlepperbooms Ende der 50er Jahre entwickelte auch die Schlepperindustrie mittlerweile zuverlässige Allradschlepper und Geräteträger wie beispielsweise Boehringer, BTG, M.A.N., Urus oder Westermann. Der zunehmende Konkurrenzdruck zwang Burischek zur Einstellung seiner Produktion. Den letzten Schlepper in seinem 1965 nach Mindenheim verlegten Betrieb schraubte er aus noch vorhandenen Bauteilen für den eigenen Besitz zusammen. Dieser Kleinland 15 PS mit Zanker -Motor wurde von ihm persönlich 1993 dem Traktoren-Museum in Schwendi übergeben. In dieser Sammlung (Freiherr von Süsskind) befinden sich auch der Kleinland mit dem ersten 12 PS-Zanker-Motor sowie das Pony im klassischen Dieselroß-Design. Von

Alleskönner am Hang

Originalton Burischek: Dieser Schlepper kann am Berg halten – und wieder anfahren!

Kleinland 18 mit Sonderausrüstung: Mähbalken, Verdeck, Panoramascheibe und Beifahrersitzen auf den Kotflügeln

dieser Maschine ist nur noch ein zweites Exemplar in Sammlerkreisen bekannt.

J. E. Burischek hat in seinem Leben immer wieder berufliche Überlebens- und Anpassungsstrategien entwickeln müssen und konnte seine Existenz mit der Übernahme einer M.A.N.-Vertretung zunächst weiter sicherstellen. Mit der Einstellung des Schlepperbaus bei M.A.N. übernahm er den Vertrieb von landwirtschaftlichem Zubehör (Werksvertretungen für unterschiedliche Hersteller) und baute Stalleinrichtungen auf der Basis eigener Konstruktionspläne. Für die Firma Quelle übernahmer den Alleinvertrieb von Tränkebecken für den süddeutschen Raum, bis er aus Altersgründen die Firma auflöste.

Der rüstige Schrauber, Auto-, und Motorradfan konnte sich nun mit uneingeschränkter Aufmerksamkeit seinem Hobby – der Restauration von alten Motorrädern und Automobilen widmen. Viele Maschinen hatte er von Dienstreisen mit nach Hause genommen und ein ganzer „Schrotthaufen" – aufbewahrt in einem alten Bahnbus – wartete auf die meisterliche Instandsetzung. Der Burischek hat sie geholt und sie

Nach Einstellung der Schlepperproduktion hat Burischek erfolgreich Stalleinrichtungen und Anbindestände selbst entwickelt und bei den Kunden montiert

mit Sicherheit vor dem Verschrotten bewahrt! 1979 begann für ihn mit der Restauration seines geliebten Praga Picolo die Automobil-Veteranen-Ära. Anläßlich seines 85. Geburtstages wünschten ihm seine Clubfreunde vom DAVG – Landesgruppe Allgäu – noch viele Schrotthaufen als Jungbrunnen. Ernst Burischek hatte bis zu seinem Tod im Jahr 1998 noch zehn schaffensreiche Jahre vor sich.

Der Kleinland 18 auf schwierigem Gelände im Forst...

...und mit beachtlichen Zugkräften am Spill

Kleinland 15 mit Seilwinde und Bergstütze

Historische Rarität: Allradschlepper Kleinland 18 mit 18 PS-MWM-Motor und Anbaumähwerk ist resturiertem Bestzustand

Zu bewundern ist der Schlepper im Museum von Schwendi

Fotos: Gerhard Burischek

Viel Liebe für die Oldies

von Achim Bischof

Einen betagten Traktor zu erhalten, zu restaurieren und zu neuem Leben zu erwecken, erfordert nicht nur viel Sachkenntnis, Geschicklichkeit, Geduld und Ausdauer, sondern noch etwas mehr, das man vielleicht als Liebe zu diesem Hobby bezeichnen könnte. Manche Traktoren haben nach sorgfältiger Aufarbeitung nicht nur funktionsmäßig den Originalzustand wieder erreicht, sondern sehen mitunter schöner aus als seinerzeit, als sie das Werk verließen. Manche vielleicht zu schön. Aber: über Geschmack läßt sich nicht streiten. Und die Erneuerung bis ins kleinste Detail soll ja auch Anerkennung finden.

Aber auch jene Traktoren verdienen Bewunderung, die noch nicht restauriert sind, dafür aber sehr sorgfältig gepflegt und konserviert wurden, und die immer noch rüstig und einsatzbereit ihr wahres Alter fast verleugnen. Unbestritten bleibt das Verdienst, Maschinen der Nachwelt zu erhalten, die einst zweckmäßig und fortschrittlich waren, vielleicht sogar Meilensteine in der Entwicklung der Mechanisierung der Landwirtschaft darstellten.

Mogul

International-Harvester-Corporation, Tractor-Works, Chicago, Illinois

Ehrlich: Wer kennt noch den „Mogul“, der von der großen und weltbekannten amerikanischen Firma International-Harvester-Corporation (IHC) hergestellt

Der Mogul 8-16 der International Harvester Corporation wurde von 1917 bis 1922 gebaut. Der großvolumige, liegende Einzylindermotor leistet 8/16 PS bei 400/min, Planetengetriebe, aber nur ein Gang für Vorwärts- und Rückwärtsfahrt, die maximale Geschwindigkeit: 3,2 km/h

Der große Einzylinder verlangt ein mächtiges Schwungrad. Die breite Riemenscheibe war für Stationärantrieb, zum Beispiel von Dreschmaschinen, unentbehrlich. Die Vorderachse ist drehschemelgelenkt

Das Typenschild des Mogul 8-16 gibt Hinweis für den zu verwendenden Kraftstoff

Die Kipphebel des obengesteuerten Einzylinders liegen unmittelbar vor dem Maschinisten, Kettenantrieb vom Planetengetriebe zur Hinterachse, Außenbandbremse mit Handrad als Feststellbremse

wurde? Sie baute auch den etwas bekannteren „Titan". Es waren ziemliche Ungetüme, die wenig Ähnlichkeit mit den späteren Traktoren hatten und die mit ihren schweren Rahmen und den Behältern für das Kühlwasser mehr an fahrbare Dampfmaschine erinnerten.

1910 brachte IHC den ersten, riesigen 45-PS-Mogul heraus, der einen horizontal angeordneten gegenläufigen Zweizylindermotor hatte, einen Zahnradantrieb für Vorwärtsfahrt und einen Reibantrieb für Rückwärtsfahrt. Ein Jahr später erschien der 45-PS-Titan, der auch für die Rückwärtsfahrt einen Zahnradantrieb nutzte.

1912 kam der erste Einzylinder-Mogul 15-30 heraus, 1914 der Titan 10-20 mit horizontalem Twinmotor und schließlich der Mogul 8-16 mit einem großvolumigen Einzylindermotor und einem Planetengetriebe für Vorwärts- und Rückwärtsfahrt. Er hatte jeweils nur einen Gang und erreichte maximal 3,2 km/h. Dieser „Mogul" war der erste amerikanische Traktor, der in nennenswerter Stückzahl auch nach Deutschland exportiert wurde. Die meisten dieser unhandlichen Exemplare sind längst verschrottet.

Fordson
Ford-Motor-Company, Detroit

Amerika hatte die Motorisierung der Landwirtschaft wesentlich früher in den Griff bekommen als Europa. Während in Deutschland noch mit Versuchsexemplaren herum experimentiert wurde, machte man sich in Amerika schon Gedanken über die Serienproduktion von Traktoren. Bereits im Jahre 1917 begann die Ford-Motor-Company nach umfangreichen Entwicklungsarbeiten mit der Produktion des „Fordson"-Traktors. Es ist müßig darüber zu streiten, ob der Bauernsohn Henry Ford mit seinem Herzen mehr an Automobilen oder an Traktoren hing. Fest steht, dass sein erster Traktor, den er 1907 baute, im wesentlichen aus Ford-Autoteilen zusammengesetzt war. Sein Traktor sollte nicht nur auf dem Feld arbeiten, sondern auch Transportaufgaben übernehmen. Er verzichtete auf einen behäbigen, schweren Einzylindermotor und bevorzugte den leichten, schneller drehenden Vierzylinder. Er verwendete auch keinen Rahmen, sondern legte die Gehäuse von Motor, Getriebe und Hinterachsantrieb so aus, dass sie zu einem geschlossenen Block vereinigt werden konnten. Eine damals sehr moderne und überzeugende Konstruk-

Der Fordson Modell F war 1917 der erste Großserien Traktor. Der abgebildete Traktor stammt aus dem Jahr 1924 und hat einen 22/28-PS-Vierzylinder-Motor

Der 1930 in England gebaute Fordson Typ N mit 22/28-PS-Vierzylindermotor war schon mit Luftbereifung ausgerüstet

Bodenschonende großvolumige Triebradreifen lieferte Firestone bereits ab 1935 als „Golfplatzreifen". Ein Fordson Typ N, Baujahr 1940

Für Straßentransporte gab es den beliebten und preiswerten Fordson auch mit Elastik-Vollgummibereifung. Die Herstellerfirma ist auf der Stirnseite des Kraftstofftanks eingeprägt. Die angegebenen Patentnummern konnten Nachahmer nicht abschrecken

tion, die bald auch von anderen Firmen übernommen wurde.

Der Typ „F" hatte einen 20-PS-Vierzylindermotor, der mit Benzin gestartet und dann mit Petroleum betrieben wurde. Das Getriebe hatte drei Vorwärts- und einen Rückwärtsgang. Bei Nenndrehzahl erreichte der Traktor respektable 14 km/h, mehr als seinerzeit alle anderen Schlepper.

Als erster Traktorenhersteller der Welt richtete Henry Ford 1922 in seiner Fabrik in Detroit ein Fließband für die Traktorenherstellung ein. So konnten über 100 000 Traktoren jährlich gefertigt werden. Im Frühjahr 1924 wurden die ersten fünfhundert Fordson-Traktoren nach Deutschland geliefert. 1925 war bereits jeder siebente in Deutschland neu gekaufte Traktor ein „Fordson". Er war relativ billig, hatte ein günstiges Leistungsgewicht, war leicht zu bedienen und von erstaunlich guter Qualität.

Das bis ins kleinste Detail ausgeklügelte Produktionsverfahren hatte aber den Nachteil, dass man zu lange und unverändert an dem einmal aufgelegten Modell festhielt und nicht beachtete, dass andere Traktorenhersteller inzwischen modernere und leistungsstärkere Traktoren auf den Markt brachten. Die Folge war, dass der Absatz zurück ging und schließlich wurde 1928 die Fordson-Produktion in den USA eingestellt.

Aber in Europa war der Fordson so beliebt geworden, dass man im Jahr darauf die Herstellung eines verbesserten „Model N" in der Ford-Fabrik in Cork in Irland wieder aufnahm. 1932 wurde sie in das englische Dagenham verlegt. In den USA wurden Ford-Traktoren als „Ford-Ferguson" mit Hydraulik und Dreipunktaufhängung ab 1939 wieder produziert. Die bei uns jetzt noch vorhandenen „Fordson"-Traktoren stammen also sowohl aus Amerika als auch aus Irland und England.

Ferguson TE-20
Detroit, USA und Coventry, GB

Der begabte und talentierte Ire Harry Ferguson, der „Vater" der Dreipunkt-Hydraulik, war einige Male Mitarbeiter von Henry Ford, wechselte aber öfter seine Partner. Nachdem er sich in den fünfziger Jahren erneut mit Henry Ford zerstritten hatte, tat er sich mit Sir John Black von der Firma Standard-Motor-Company zusammen und entwickelte den „Ferguson TE-20", der sowohl in England als auch in den USA in Produktion ging und ein großer Wurf wurde. In seiner Grundkonzeption ähnelte er dem Fordson: der Fahrer saß unmittelbar über dem Vierganggetriebe und konnte den Traktor ideal beherrschen. Der Traktor wurde mit einem Otto- oder einem Dieselmotor angeboten. Der Dieselmotor, den Standard lieferte, leistete 28 PS bei 1850/min. In England wurden in Coventry von 1948 bis 1951 von dem Typ TE (Tractor England) 500 000 Stück gebaut. In den USA in Detroit wurden im gleichen Zeitraum von dem Typ TO (Tractor Overseas) 60 000 Stück gefertigt. Entscheidend für diesen Erfolg war nicht zuletzt der neuartige Geräteanbau mit Zapfwelle und Dreipunkthydraulik, der ein bisher noch nicht gekanntes Zusammenwirken von Schlepper und Arbeitsgerät ermöglichte.

Der Ferguson TE-20 mit Vierzylinder-Dieselmotor mit 28 PS bei 1850/min (1946 bis 1951)

DEERING
IHC/Deutschland

Schon im Jahre 1908 hatte die International-Harvester-Company in Deutschland ein Tochterunternehmen gegründet, mit Sitz in Neuss am Rhein. Zunächst

In Neuss am Rhein hergestellter Allzwecktraktor Deering Typ FG. Kennzeichnend ist die waagerechte, über den ganzen Traktor reichende Steuersäule zum Kegelradantrieb der Lenksäule. Der Motor des Deering-Traktors Typ FG wird mit Benzin gestartet. Nach Erreichen der Betriebstemperatur kann auf einen billigeren Kraftstoff geschaltet werden. Deshalb die kunstvoll verlegten Leitungen

Ein früher Deering mit Eisenbereifung, Spurweitenverstellung für Arbeiten in Reihenkulturen

wurden verschiedene IHC-Produkte unter den Markenzeichen McCormick, Deering und IHC vertrieben. Der erste McCormick-Deering 15-30 war 1921 in den USA auf den Markt gekommen. Der erste Farmall-Ackerschlepper erschien 1924.

Allmählich ging man in Neuss auch zu eigenen Entwicklungen und Produktionen über. So entstand der erste in Deutschland von IHC entwickelte Ackerschlepper vom Typ „F 12", der sowohl mit Eisenrädern (FS) als auch mit Luftbereifung (FG) erhältlich war. Der F 12 ist erkennbar an der horizontalen Lenkwelle, die über den ganzen Traktor führt bis zu dem Kegelradtrieb der senkrechten Lenksäule. Diese wird in einer stabilen Gusshalterung geführt, die sich auf dem Halbrahmen abstützt, der auch den Kühler und den Vierzylinder-Ottomotor aufnimmt. Der Motor wird mit Benzin gestartet und kann dann nach Erreichen der Betriebstemperatur auf „Traktorentreibstoff" umgeschaltet werden, zum Beispiel auf Petroleum oder ein Gemisch von Benzin und Diesel.

HANOMAG
Hannoversche Maschinenbau AG

Nach der Weltwirtschaftskrise drängten amerikanische Firmen verstärkt auf den deutschen Markt. Dank der Fließbandproduktion konnte Fordson seine Traktoren sehr preiswert anbieten. Das war der deutschen Industrie natürlich nicht gleichgültig und man machte sich viel Gedanken über einen ebenbürtigen Traktor eigener Konstruktion. Der „Fordson" hatte Maßstäbe gesetzt, an denen sich auch die deutsche Schlepperindustrie messen lassen musste. Zumindest erkannte man die Bedeutung einer modernen Produktionsmethode.

Hanomag richtete als erste Firma in Deutschland für die Produktion ihrer Traktoren eine Fließbandfertigung ein und versuchte, mit ihrem Radtraktor „WD 26 A" in Blockbauweise eine Antwort auf den bisher fast konkurrenzlos dastehenden Fordson-Traktor zu

Hanomag WD 26 mit Vierzylinder-Benzol-Petroleum-Motor, Leistung 26 PS bei 1100/min

Hanomag WD Straßenzugmaschine mit Elastik-Vollgummibereifung

Dieser Hanomag Typ R 40, 40 PS bei 1200/min, wurde 1948 gebaut und wird noch heute eingesetzt

Hanomag WD. Beim Anblick eines so gut gepflegten Messing-Wabenkühlers lacht das Herz des Odtimerfreundes

Seit etwa 1930 zogen im Schlepperbau auch die sparsameren Dieselmotoren ein. Hanomag RD 36

geben. Man nannte daher den Hanomag im Volksmund auch den „deutschen Fordson". Er war mit 4500 bis 4800 Mark zwar immer noch teurer als der im Schnitt mit 3375 Mark angebotene Fordson, aber doch wesentlich billiger als die Traktoren anderer deutscher Hersteller. Hanomag wies auch auf einige konstruktive Vorteile gegenüber dem Fordson hin, wie den moderneren Motor, eine gefederte Vorderachse, bessere Kühlung und Schmierung und einen günstigeren Angriffspunkt für die Zugkraft. Der Vierzylindermotor für Benzin und Petroleum gab anfangs etwa 26 PS, später 28/32 PS ab. Ab 1931 wurde der Traktor als „RD 36" mit einem Dieselmotor ausgerüstet, der zwar schwer, aber robust und zuverlässig war. Zu erkennen waren diese von Joseph Vollmer entworfenen Traktoren an dem vor dem Lenkrad befindlichen trommelartigen Kraftstoffbehälter.

Hanomag R 16 mit Mähbalken, Zweizylinder-Dieselmotor, 16 PS bei 1600/min, gebaut ab 1950

Eine Legende: Der Elfer-Deutz-Bauernschlepper mit Einzylindermotor, 1,1-Liter-Hubraum, 11 PS bei 1150/min, Baujahr 1936. Er gehörte neben dem Hanomag-Bauernschlepper RL 20 zu den beliebtesten seiner Zeit

Deutz-„Bauernschlepper“
Humboldt-Deutzmotoren AG, Köln-Deutz

Um auch dem deutschen Kleinbauern den Einstieg in die Motorisierung zu erleichtern, brachte Deutz 1936 den „11-PS-Deutz-Bauernschlepper“ heraus mit einem Einzylinder-Viertakt-Vorkammer-Dieselmotor, Dreiganggetriebe, Ackerluftbereifung und einer Höchstgeschwindigkeit von 8 km/h. Er war der erste serienmäßig produzierte Kleinschlepper der Welt.

Dieser einfache, unkomplizierte „Elfer-Deutz“ wurde ein ausgesprochenes Erfolgsmodell und zum Vorbild ähnlicher Traktoren anderer Hersteller, zum Beispiel dem Hanomag RL 20 (1937) und dem Lanz Allzweck-Bauern-Bulldog mit einer Motorleistung von 13/15 PS bei 900/min (1939). Der Elfer-Deutz hatte eine Riemenscheibe, Antrieb für einen Mähbalken, eine Spurweitenverstellung und einen günstigen Preis. Die Bauern waren überrascht, was man mit diesem kleinen Schlepper alles bewältigen konnte.

Eicher
Gebr. Eicher Traktoren- und Landmaschinen-Werke GmbH, Forsten bei München, ab 1972 Landau/Isar

Eicher-Traktoren zeichneten sich von Anfang an durch gute Qualität aus. Bereits der erste 1936 von den Brüdern Albert und Josef Eicher im väterlichen Betrieb gebaute Traktor mit einem 20-PS-Zweizylindermotor fand dank der durchdachten Konstruktion und der sauberen handwerklichen Arbeit viel Anerkennung und entsprechend guten Absatz. Doch dann musste in Forsten die Produktion auf Teile für luftgekühlte BMW-Flugmotoren umgestellt werden. Das war wohl der Grund, dass sich Joseph Eicher entschloss, auch einen Traktor mit einem luftgekühlten Dieselmotor auszurüsten, den er bis 1948 zur Serienreife brachte. Es war der Typ „ED 16“ mit einem Einzylinder-Dieselmotor. Eicher war damit der erste Traktorenhersteller, der einen Schlepper mit einem luftgekühlten Motor auf den Markt brachte.

Zur Kühlung verwendete Eicher ein Radialgebläse, bei Mehrzylindermotoren sogar für jeden Zylinder

Charakteristisch für die luftgekülten Eicher-Motoren waren die rechts angeordneten Radiallüfter, wobei jeder Zylinder sein eigenes Gebläse hatte

ein eigenes Gebläse, die durch eine gemeinsame Welle angetrieben wurden. Durch entsprechende Luftleitbleche gelang es, die Frischluft wirksam durch die Kühlrippen zu lenken, so dass der Motor thermisch gut beherrscht wurde.

Eicher bot zwar eine umfangreiche Modellpalette an, auch mit Motoren anderer Hersteller, aber Eicher-Kunden wollten lieber die zuverlässigen luftgekühlten Eicher-Motoren haben. Mit einer neuen Motorengeneration ausgerüstet, bot das Unternehmen die so genannte Raubtierreihe an, mit den Typen Leopard, Panther, Tiger, Königstiger und Mammut. Der wenig später hinzugekommene Schmalspurtraktor Puma war für Arbeiten im Wein- und Obstbau vorgesehen. Doch der zurückgehende Schleppermarkt setzte auch der Firma Eicher zu und 1970 entschloss man sich, mit dem britischen Konzern Massey-Ferguson zusammen zu gehen. Das hatte zur Folge, dass ab 1974 die Eicher-Motoren durch wassergekühlte Perkins-Motoren verdrängt wurden .

„Lanz-Bulldog“
Heinrich Lanz AG, Mannheim

Es gibt wohl kein Traktorentreffen ohne den schon legendären „Bulldog“. Das verwundert nicht, denn kaum ein anderer Traktor ist derart robust, unverwüstlich, charakteristisch und fast mit einer Gloriole umgeben. Viele Jahre war der Name „Bulldog“ ein Synonym für den Traktor schlechthin.

Allein schon das Ingangsetzen des Glühkopfmotors mit der fauchenden Lötlampe hat schon etwas Mystisches an sich. Dann das Anwerfen des Einzylinders, das auch gekonnt sein muss. Und – wenn er

Die einfache und übersichtliche Technik der ersten Bulldogs fasziniert schon unseren Nachwuchs. Oben: Eine Original-„Lötlampe“ zum Anwärmen des Glühkopfes

Der Antrieb erfolgt von der Kurbelwelle aus über eine Rollenkette auf eine Zwischenwelle, von hier weiter über Zahnräder auf die Hinterachse. Die Kupplung ist in der Schwungscheibe untergebracht und wird über einen Handhebel bedient. Zum Antrieb stationärer Maschinen wird die Kette abgenommen, bevor der Treibriemen auf die Riemenscheibe aufgelegt wird

Der 12-PS-„Ackerbullog" Typ HP mit Allradantrieb und Knicklenkung hat zwei Differentiale, aber noch kein Getriebe. Durch das Doppelgelenk kann er sich auch Geländeunebenheiten gut anpassen. Gebaut von 1923 bis 1926

Immer wieder beeindruckend: Der wuchtige Einzylinder des unverwüstlichen Glühkopfmotors

Mit dem „Eil-Bulldog" mit gefederter Vorderachse und Fünfganggetriebe war man schon bis 30 km/h schnell

Anbau-Halbraupe an einem „Großbulldog" 22/28 PS Typ HR 2 mit Verdampfungskühlung

Der „Kühlerbulldog" Typ HR 5 hatte einen zusätzlichen Ventilator und gab 30 PS (22 kW) bei 500/min ab

Anbau-Halbraupe an einem Lanz-Bulldog HR 5, 15/30 PS bei 700/min, Baujahr 1930

Lanz-Bulldog-Raupe Typ HRK, 55 PS bei 750/min, Kastenlaufwerk mit sechs Bodenrollen. Eine querliegende Blattfeder stützt das Laufwerk ab

läuft – dieser so typische Klang, an dem man den Bulldog schon von weitem erkennt, oft schon hört, bevor man ihn sieht.

Fritz Huber wollte einen extrem problemlosen Traktor schaffen, und das ist ihm mit dem ventillosen Einzylinder-Kurbelkammer-Zweitakter zweifellos gelungen. Der Typ HL mit 12 PS bei 420/min war der erste Rohölschlepper der Welt. Kein reiner Dieselmotor, kein echter Selbstzünder, der ja dadurch gekennzeichnet ist, dass er die angesaugte Luft so hoch verdichtet und erhitzt, dass der eingespritzte Kraftstoff

Der 55-PS-„Raupen-Bulldog" Typ HRK mit Wasserumlaufkühlung und Kastenlaufwerk

sich „von selbst" entzündet. Er arbeitet eigentlich mit Fremdzündung, eben dem rotglühenden, ungekühlten Kopf. Im Ausland werden solche Motoren auch als „Halbdiesel" bezeichnet.

Auf Dauer konnten diese ersten, sehr einfachen Bulldogs die steigenden Anforderungen der Landwirtschaft nicht erfüllen. Lanz verbesserte deshalb seine Traktoren ständig, baute eine Vielzahl von Typen mit stärkeren Motoren, verbesserter Kühlung, Schaltgetriebe für mehrere Geschwindigkeiten, Luftbereifung und Gleisketten und schließlich auch mit zusätzlicher Einspritzung von Benzin zum leichteren Anlassen der Motoren.

Mit den Glühkopfmotoren avancierte Lanz eine Zeit lang zu den größten Landmaschinenherstellern in Europa. Aber mit den immer höheren Ansprüchen der Landwirtschaft und dem gleichzeitigen Fortschreiten des Entwicklungsstandes der Technik verloren die Vorzüge des einfachen Einzylinders immer mehr an Bedeutung. So gut auch die nach dem Krieg entwickelten Lanz-Traktoren waren, es wurden immer weniger verkauft und als John Deere 1960 den Betrieb übernahm, wurde auch die Produktion der „Bulldogs" eingestellt.

40-PS-Lanz-Holzgas-Bulldog, Typ HRO mit Imbert-Gaserzeuger, Baujahr 1942

Bemerkenswert die Gleisketten dieser Lanz-Bulldog-Raupe mit profilierten Stahl-Gummi-Kettengliedern

Kettentraktor KS 07/62 Rübezahl aus Brandenburg, Kastenlaufwerk mit je fünf Laufrollen, Vierzylinder-Viertakt-Dieselmotor mit Wirbelkammereinspritzung, 62 PS bei 1150/min, produziert in Brandenburg von 1952 bis 1955

Traktoren aus der östlichen Hälfte Deutschlands

Brandenburger Traktorenwerke, Brandenburg/Havel

Bevor in Brandenburg, in dem ehemaligen „Brennabor-Werk“, die Kettenschlepper-Produktion anlief, wurde von 1949 bis 1951 der 30-PS-Radschlepper RS 03 „Aktivist“ hergestellt. Er war eigentlich nur ein Notbehelf, aber in den ersten Nachkriegsjahren und unter den damaligen Bedingungen trotz seiner Schwächen ein begehrtes Zugmittel. Einige Sammlerstücke sind erhalten geblieben.

Ab 1952 begann die Fertigung des früheren FAMO-Kettenschleppers „Rübezahl“, der ursprünglich aus den Breslauer FAMO-Werken stammte, und jetzt die Typbezeichnung KS 07/62 bekam. Nachfolger war der Kettentraktor KS 30 „Urtrak“, der von 1956 bis 1964 gebaut wurde und ein besseres Laufwerk erhielt. Obgleich diese Traktoren meist eine sehr

RS 03 „Aktivist“ mit kurzem Vorderachsträger, Zweizylinder-Viertakt-Dieselmotor in V-Form (Luftspeicherverfahren), 30 PS bei 1500/min, produziert in Brandenburg von 1949 bis 1951. Sein Vorgänger war der MBA-Holzgas-Schlepper, dessen Generator vor dem Kühler angebracht war. Daher auch der kurze Radstand

arbeitsreiche Zeit hinter sich haben und nicht geschont wurden, haben viele Exemplare Liebhaber gefunden, die sie vorbildlich pflegen und der Nachwelt erhalten.

Schlepperwerk Nordhausen/Harz

In Nordhausen wurden schon vor dem Krieg Schlepper der Marke „NORMAG" und MBA (vormals Orenstein & Koppel) hergestellt. Nach dem Krieg baute man zunächst aus noch vorhandenen Teilen einige MBA- und NORMAG-Traktoren auf, auch wenige mit Holzgaserzeuger versehene NG 25, bevor man mit der Produktion des 22-PS-Schleppers RS 02 „Brockenhexe" begann.

Wesentlich wichtiger wurde aber die Produktion des 40-PS-Traktors, der aus dem FAMO-Ackerradschlepper 42/45-PS-Typ „Rübezahl" entstanden war. Nach Konstruktionsarbeiten in Schönebeck begann die Fertigung 1949 zunächst im früheren Horch-Werk

RS 03 „Aktivist". Um dem Aufbäumen des Schleppers entgegenzuwirken, war das Gussstück zur Aufnahme der ungefederten Vorderachse schwer ausgeführt und der Drehpunkt für die Pendelachse nach vorn verlegt

Kettentraktor KS 30 „Urtrac" mit Vierzylinder-Viertakt-Dieselmotor, 63 PS bei 1150/min, Pendelrollenlaufwerk mit je vier Laufrollen, Cletrac-Lenkbremse, gebaut von 1956 bis 1964

Radtraktor Normag NG 22 der Nordhäuser Maschinenbau GmbH Schmidt & Kranz & Co, Nordhausen, Zweizylinder-MWM-Dieselmotor, Leistung 20/22 PS bei 1500/min, gebaut ab 1938

Der Universalschlepper NG 22 mit angebautem Mähbalken. Als reiner Ackerschlepper mit der Typenbezeichnung NG 10 war er ab 1940 auch mit einem Deutz-Dieselmotor gleicher Leistung zu haben. Ab 1941 gab es ihn als Typ NG 25 mit einem Holzgas-Generator

RS 02 „Brockenhexe“, Zweizylinder-Viertakt-Dieselmotor mit Vorkammereinspritzung, 22 PS bei 1500/min, produziert von 1949 bis 1952

Der Radtraktor RS 01/40 „Pionier“ war ein treues Arbeitstier. Vierzylinder-Viertakt-Dieselmotor mit Wirbelkammereinspritzung, 40 PS bei 1250/min, produziert von 1949 bis 1965

Der Geräteträger RS 08/15 mit angebautem Mähbalken

Der „Maulwurf" hat ein Getriebe mit vor- und rückwärts je vier Gängen in zwei Schaltgruppen, Sperrdifferential, motor- und wegegebundene Zapfwellen vorn und hinten, Spurweitenverstellung, Leistung 15 PS bei 3000/min

in Zwickau und wurde 1950 nach Nordhausen verlagert. Die Typbezeichnung dieses damals stärksten Radschleppers der DDR war RS 01/40 „Pionier", im Volksmund liebevoll „Pio" genannt. Diese Liebe war eine Art Haßliebe, denn der Pio hatte anfangs viele Mängel und Eigenheiten, die die Traktoristen manchmal zur Verzweiflung brachten. Aber wenn er lief, war er ein wirkliches Arbeitstier. Nun muss man ehrlicherweise sagen, dass der Pionier wesentlich härter heran genommen wurde als der bewährte Vorkriegs-FAMO und oft auch schwere Arbeiten verrichten musste, für die er nicht gedacht war. Sein Nachfolger war der Typ „Harz", der bis 1959 gebaut wurde.

In Nordhausen lief auch ab 1953 der in Schönebeck entwickelte „Vielzweckschlepper" RS 04/30 vom Band, ein damals moderner Traktor mit Geräteanbau-Hydraulik, der 1956 durch den RS 14/30 „Famulus" mit luft- oder wassergekühltem Motor abgelöst wurde.

Traktorenwerk Schönebeck/Elbe

Sieht man einmal von den vielen Entwicklungen ab, die in Schönebeck durchgeführt wurden, und von denen leider nur wenige in die Serienproduktion gelangten, so ist dieses Werk vor allem durch die Produktion der Geräteträger und später des ZT 300 mit seinen Varianten und Weiterentwicklungen bekannt geworden.

Die ersten Geräteträger RS 08/15 hatten noch den vom DKW F 8 stammenden 18-PS-Zweizylinder-Zweitakt-Ottomotor, der sich jedoch im harten landwirtschaftlichen Einsatz nicht bewährte. Nur wenige Fahrzeuge sind noch erhalten geblieben. Sein Nachfolger war der RS 09, der zuerst mit dem aus Österreich stammenden Warchalowski-Dieselmotor ausgerüstet war, der dann im Dieselmotorenwerk Schönebeck in Lizenz gefertigt wurde. Der Motor war jetzt unter dem Fahrersitz angeordnet. Eine sorgfältige Modellpflege mit ständigen Verbesserungen und eine Vielzahl von Anbaugeräten und Einsatzmöglichkeiten ließen den Geräteträger und seine Varianten bald zu einem unentbehrlichen Arbeitsmittel werden. Schließlich erhielt der Geräteträger einen stärkeren Motor, einen luftgekühlten 25-PS-Vierzylinder-Diesel, und wurde zum GT 124, der bis 1972 gebaut wurde.

Von diesem beliebten Fahrzeug sind heute noch Hunderte im Einsatz.

Mit dem ZT 300 stellten die Schönebecker der Landwirtschaft einen völlig neuen, stärken Traktor zur Verfügung, anfangs mit 90 PS, dann mit 100 PS Motorleistung. Der Serienanlauf erfolgte 1967. 1972 wurde der Traktor als ZT 303 auch mit Allradantrieb geliefert. Die Weiterentwicklungen ZT 320 als Standardtraktor und ZT 323 mit Allradantrieb folgten 1983. Sie entsprachen dem internationalen Stand der Technik. Trotzdem ging der Absatz zurück und 1990 wurde der Traktorenbau in Schönebeck eingestellt.

Vielzwecktraktor RS 04, Zweizylinder-Viertakt-Dieselmotor mit Wirbelkammereinspritzung, 30 PS bei 1500/min, Blockbauweise, Kriechgang, Einzelradbremsen, hydraulischer Kraftheber, Zapfwellen, gebaut in Nordhausen von 1953 bis 1958

Dieser Raupenschlepper stammt aus dem Traktorenwerk in Lipezk. Es ist der Typ KDP 35 mit schmalem Laufwerk für die Arbeit in Reihenkulturen, speziell für die Hackfruchtpflege und -ernte. Wie alle russischen Traktoren dieser Zeit war auch diese Raupe mit einem kleinen Zweitakt-Anlassmotor ausgerüstet

Die starken Allrad-Traktoren aus dem Traktorenwerk „Roter Stern", Budapest, die Vierzylinder-D4K mit 65 PS und der abgebildete Sechszylinder-D4K-B mit 90 PS sind schon begehrte Sammelobjekte

Primus

Spannende deutsche Schleppergeschichte

von Dr. Peter Lange

Kleiner Straßenschlepper mit großer Wirkung: Vollrestaurierter Primus P14. Er zog mit seinem Einzylinder-Deutz-Dieselmotor bis zu 6,5 t Anhängelast in der Ebene (Autofuhrbetrieb Hans-Joachim Miserre, Berlin) Bes.: Miserre

Traktorenbau – das war das Lebenswerk des Thüringer Ingenieurs Johannes Köhler. Sein Ideenreichtum, seine Anpassungs- und Durchsetzungsfähigkeit sorgten dafür, dass Primus-Traktoren immer wieder Klassenbeste wurden.

Den ersten großen Erfolg landete Köhler in den 30er Jahren von Berlin-Lichtenberg aus mit der Konstruktion von Straßenschleppern. Diese leichten, automobilartigen Zugmaschinen waren mit im Heck untergebrachten Deutz-Motoren ausgerüstet. Der Antrieb auf die Hinterräder erfolgte durch eine gekapselte, im Ölbad laufende Doppelkette. Dank dieser günstigen Gewichtsverteilung und einer ziemlich hoch gelegenen, abgefederten Anhängekupplung hatten diese P11, P14, P16, P20, P25 und P30 genannten Straßenschlepper eine enorme Zugkraft von bis zu 7,5 t, die sie für die schwer beladenen Anhänger im Stadtverkehr auch dringend brauchten.

Beworben wurden vor allem die niedrigeren Betriebskosten im Vergleich zum Pferdefuhrwerk. So rechnete man im Primus-Prospekt für zwei Pferde, die in acht Stunden 100 Zentner 40 km weit schleppten, 7 RM. Der P14 dagegen sollte bis zu 130 Zentner in zweieinhalb Stunden 40 km weit ziehen und dabei, so die optimistische Prognose, nur 0,50 RM verbrauchen. Abnehmer waren vor allem Spediteure, Kohlen- und Kartoffelhändler und Müller. Der Fahrer saß mittig auf einer durchgehenden Sitzbank in

Straßenschlepper aus dem Hause Primus lösten vor dem Krieg das Zugpferd ab und waren beliebt bei Spediteuren, Kartoffel- und Kohlenhändler (Primus-Straßenschlepper, A. Ulrich Strobel, Spedition-Schiffahrt-Lagerung) Foto: Streit

Primus-Straßenschlepper P20, Baujahr 1940, lief bis Mitte der 70er Jahre bei DDR-Fuhrunternehmen, anderthalb Jahre Restaurierung durch das Motormuseum Riga/Lettland bei Firma Techno Riga, Rekonstruktion des Fahrerhauses durch Stellmacher mit 15 Jahre gelagertem Holz und Kunstlederbezug, Austausch des Kegelrollenlagers der Kurbelwelle, Lackierung im Originalton himmelblau Bes.: Deutsches Technikmuseum Berlin

Der Primus P 22 – schon 1938 ein vielseitiger, wendiger Bauernschlepper mit 22 PS starkem Zweizylinder-Deutz-Motor und Prometheus-Einheitsgetriebe (Freilichtmuseum Domäne Dahlem, Berlin) Foto: Straube

einem übersichtlichen, geschlossenen Führerhaus aus Hartholzgerippe und Stahlblechwänden. Niederrahmenchassis, Schwingachse und langer Radstand sorgten für eine gute Straßenlage.

Die letzten Modelle dieser sehr erfolgreichen Baureihe wurden 1940 sogar für die Typenbegrenzung in der Kraftfahrindustrie, nach dem zuständigen Generalbevollmächtigten „Schell-Plan" genannt, als Haupttypen ausgewählt. Gut erhaltene Exemplare sind heute noch im Agrarmuseum Blankenhain und im Technischen Museum Berlin zu bewundern.

Die Reichshauptstadt entwickelte sich damals zu einem bedeutenden Standort der Landmaschinenindustrie mitten in einer großen Agrarregion. Da war es naheliegend, einen vielseitigen Bauernschlepper zu produzieren, was mit dem P22 hervorragend gelang. Ein vollständig abgeschlossener, rahmenloser Motorblock trug alle erforderlichen Nebenantriebe. Die Riemenscheibe am hinteren Teil des Triebblocks gestattete unbehinderte Kraftabgabe, der Mähantrieb konnte nachträglich montiert werden. Zusammen mit der Getriebefabrik Prometheus hatte Köhler darüber hinaus ein Einheitsgetriebe entwickelt, das leicht zu schalten war und direkt an den Zweizylinder-Deutz-Motor angeflanscht wurde. Eine formschöne Haube und der wuchtige Kühlervorbau rundeten diesen unverwechselbaren Primus-Schlepper ab, der bis in die Nachkriegszeit hinein als Prototyp für spätere Modelle diente.

Auf dem Höhepunkt der wirtschaftlichen Entwicklung hatte die Primus-Traktoren-Gesellschaft Niederlassungen in München, Magdeburg und Erfurt und bis zu 600 Beschäftigte. Außerdem hatte der vermögende Fabrikant Köhler bereits 1938 ein Zweigwerk in Miesbach in Oberbayern aufgebaut. Für die dortigen kleineren Grünlandbetriebe wurde der Kleinschlepper P11, genannt „Pony", mit 11er-Deutz-Motor gebaut.

Als habe man allen im Rahmen der Motorisierung ausrangierten Zugtieren ein Denkmal setzen wollen, trug auch eine weitere Primus-Erfindung einen Huftiernamen. Der „Packesel", ein Allzweckfahrzeug mit Ladebühne, eingefügten Arbeitsgeräten wie Mähbalken, Anbaupflüger und Anbauroder und vier gleich groß untersetzten Vorwärts- und Rückwärtsgängen, kann als Vorläufer des Geräteträgers angesehen werden. Bei Primus wurde diese Idee jedoch nicht weiterverfolgt.

Die Verwerfungen des Nationalsozialismus machten auch vor den Toren der Primus-Werke nicht halt.

Das kleine Zweigwerk in Miesbach produzierte zunächst nur den Kleinschlepper P 11, genannt „Pony". Nach dem Krieg war die oberbayerische Produktionsstätte die Rettung des Unternehmens. Foto: Streit

Köhler wurde, wie viele andere der Branche, Mitglied des NS-Kraftfahrkorps. Man musste sich von jüdischen Mitarbeitern trennen und wurde zur Beschäftigung von Zwangsarbeitern verpflichtet. Diese stammten aus Belgien, Frankreich, Russland und der Ukraine und waren im 1942/43 erbauten, betriebseigenen Gemeinschaftslager Nordlicht in der Siegfriedstraße untergebracht.

Es war nicht leicht, sich auf die politischen Vorgaben im 3. Reich einzustellen. Während die neue Schlepperindustrie erst aus ideologischen Gründen bekämpft wurde, führte Arbeitskräftemangel später zur Ankurbelung der Traktorenherstellung. Auch wollte man sich von den Treibstofflieferungen aus dem Ausland unabhängig machen. Köhler reagierte: 1942 wurde der P20-Elektro-Straßenschlepper konstruiert. Die als geräuscharm und geruchfrei für Stadttransporte angepriesene Zugmaschine wurde von einem Doppelkollektor-Hauptstrommotor von 80 V Spannung und einer Leistung von 15 PS mit einer Gitterplatten-Batterie angetrieben. Für Vorwärts- und Rückwärtsfahrt standen durch jeweilige Parallel- oder Hintereinanderschaltung des geteilten Ankers zwei Geschwindigkeitsstufen zur Verfügung. Der Fahrer hatte lediglich einen Geschwindigkeitsvorwähler und den Stromfußhebel zu bedienen. Der Fahrbereich lag zwischen 50 und 120 km.

Ab 1943 wurde dann der Holzgas-Bauernschlepper P25 G hergestellt. Auch musste Primus für das Rüstungsprogramm „Maultier" produzieren und Notstromaggregate für die Luftabwehr herstellen.

Als hätte Köhler die Katastrophe kommen sehen, hatte er zusammen mit dem Miesbacher Ingenieur

Die überragende Wirtschaftlichkeit hat unsere Straßenzugmaschine PRIMUS-DIESEL P 14 in ganz kurzer Zeit überall eingeführt. Um die Wünsche unserer Kunden nach einer gleich wirtschaftlichen Zugmaschine für schwerere Lasten bei gesteigerter Geschwindigkeit zu erfüllen, bauen wir jetzt auch

MODELL P 25 für Zugleistung bis zu 10 to.

Alle Teile sind infolge der stärkeren Inanspruchnahme gegenüber Modell P 14 wesentlich verstärkt. Die Chassisaufnahme zeigt die Vorzüge der äußerst soliden Bauart. Dazu tritt die Annehmlichkeit des geschlossenen Führerhauses, das 2 Personen gegen Wind und Wetter geschützt, bequem Platz bietet.

PRIMUS-DIESEL, Modell P 25 die wirtschaftliche Straßenzugmaschine!

Modell P 25 leistet bei einer Anhängelast von 10 to auf guter, fester Straße eine Stundengeschwindigkeit von 20 km. Der Brennstoffverbrauch (Erfahrungswert) beträgt für die stündliche Leistung nur ca. 25 Pfg. Das ist ein Bruchteil der Betriebskosten bei Transport mit Pferden. Aber auch für den nicht voll ausgenutzten Lastwagen und für den Nahverkehr ist PRIMUS-DIESEL P 25 bei weit niedrigeren Betriebskosten der gegebene Ersatz.

Technische Beschreibung:

Antriebsmaschine: Deutz Dieselmotor, neue Spezialausführung, stehender Zweizylinder, 100 mm Bohrung, 130 mm Hub, 15—18 PS bei nur 1350 Umdrehungen — weitgehende Drehzahlregulierung — starres Motorgehäuse aus einem Stück gegossen, trotzdem leichte Zugänglichkeit durch seitlichen großen Deckel für Kontrolle und Reinigung — absolut staubdicht gekapselte Ventile — auswechselbare Zylinderbüchsen.

Kühlung: Kühlwasser-Schleuderpumpe, Ventilator und besonders stabiler Röhrenkühler —

Getriebe: Extra starke Primus-Sonderkonstruktion in einem Aggregat direkt mit Motor gekuppelt — 3 Vorwärtsgänge, 1 Rückwärtsgang — Einscheiben-Trockenkupplung, leichtes, fast geräuschloses Schalten —

Hinterachse: Primus-Sonderausführung extra stark und widerstandsfähig, spiralverzahnte Kegelräder, Differential.

Fahrgestell: Kräftiger, starkversteifter Rahmen, aus Profilmaterial für hohe Beanspruchung konstruiert — Motor vor der Hinterachse angeordnet, dadurch gute Belastung der Hinterräder. — Die Maschinenanlage durch Haube abgedeckt.

Lenkung: Moderne Ausführung, nachstellbar, großes Steuerrad.

Bremsen: Fußbremse auf die abnorm großen Trommeln der Hinterräder wirkend, Handhebelbremse für die Vorderräder.

Beleuchtung: Elektrische Batterie-Beleuchtung, 6 Volt, 2 Scheinwerfer mit Biluxlampen und Standlicht, Schluß- und Stoplicht, 3 fach Steckdose für Anhänger.

Maße und Gewicht: Länge 2.97 m, Breite 1,80 m, Höhe 1,75 m, Radstand 1,80 m, Spurweite 1,55 m. Bereifung: Vorn Ballon 4,50—17, hinten Riesenluft Aero 6,50—16. Eigengewicht: betriebsfertig ca. 1360 kg.

Leistung: bis 10 to Anhängelast in der Ebene, auf guter, fester Straße bei 20 km Geschwindigkeit.

Jahressteuer: RM. 147.—.

Preis: Abfahrfertig ab Berlin, mit vollständig geschlossenem Führerhaus, mit kompl. elektrischer Beleuchtung und Lichtmaschine, Elektrohorn, Glühkerzeneinrichtung, Scheibenwischer, Rückspiegel, Winkern, Werkzeug.

RM. 4750.—

Mehrpreis:

Riemenscheibe für Kraftabgabe (für stationären Betrieb) . . . . RM 125.—
Ballastgewicht ca. 240 kg . . . . „ 130.—

Die Abbildungen und Leistungsangaben sind für die Ausführung unverbindlich.

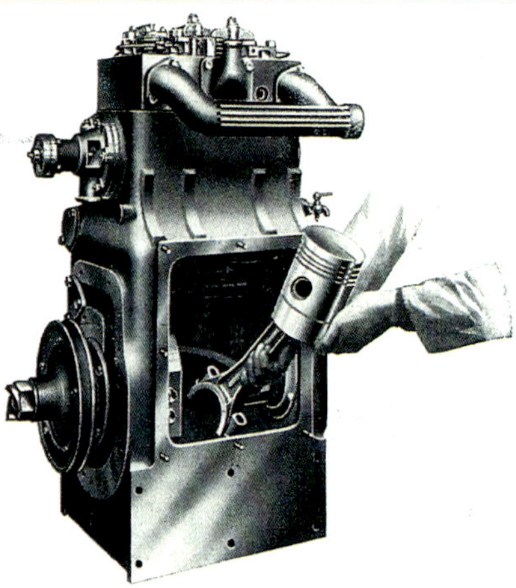

PRIMUS-Deutz-Dieselmotoren bedürfen kaum einer Pflege. Sie sind anspruchslos und sparsam im Betrieb, dabei dank ihrer besonders stabilen Bauart unverwüstlich.

Die Abbildung zeigt die leichte Zugänglichkeit bei Reinigung und Kontrolle durch seitlichen großen Deckel.

»PRIMUS«
Traktoren-Gesellschaft m. b. H.
Berlin-Lichtenberg - Herzbergstraße 68-70
Fernsprecher: Sammel - Nummer E 5 Lichtenberg 5391

Erwin Höttges, Krefeld

Primus Straßenschlepper wurden als wirtschaftlich, belastbar, anspruchslos und leicht zu pflegen beworben (Prospekt der Primus-Generalagentur in Leipzig

Bes.: Miserre

Auch im Nachkriegs-Berlin gab es Primus-Traktoren über die Generalvertretung Kustos und Rieger. Hier präsentiert sich die Primus-Flotte mit jeweils PD 3, zwei PD 2 und zwei Straßenschleppern P 20. Die Traktoren wurden für den Stadtverkehr mit dem klappbaren Wetterschutzdach „Exportausführung" ausgerüstet. Foto: Streit

Fritz Poensgen das Zweigwerk in Miesbach in Oberbayern aufgebaut. Die Berliner Produktionsanlagen mit über achttausend Quadratmetern Werkhallen wurden durch Bombardierung beschädigt und dann enteignet. Unter sowjetischer Besatzung gab es dort später lediglich Reparaturen von Traktoren, 1949 wird formal noch ein Volkseigener Betrieb Primus Traktoren-Gesellschaft erwähnt. Köhler hingegen kam bald aus sowjetischer Gefangenschaft frei und zog mit seiner Familie und Verwandtschaft nach Miesbach. Das zweite Kapitel der Primus-Traktoren-Gesellschaft konnte beginnen.

Mit den drei Bereichen Motoren-, Schlepper- und Werkzeugbau versuchte man auf dem von der Kfz-Firma Paul Mayer gepachteten Gelände an der Rosenheimer Straße in Miesbach wieder Fuß zu fassen und mit Wirtschaftswunder und Vollmotorisierung mitzuhalten. Man musste allerdings in ganz Deutschland nach Produktionsmaschinen suchen, die von der Demontage verschont geblieben waren. Anknüpfend an den erfolgreichen Bauernschlepper wurde jetzt in bewährter Weise ein P22 mit MWM-Motor hergestellt. Bezeichnet nach ihrer PS-Leistung wurde die Pallette um die Typen P14, P15, P24 und P28 erweitert. Auch die späteren PD1-Modelle wurden mit MWM-Motoren ausgerüstet. Bei der Typenbezeichnung stand PD für Primus-Diesel, E für Einzylinder-, Z für Zweizylindermotor, L für Luftküh-

Wirtschaftswunder in der Landwirtschaft – auf Ausstellungen wurde um neue Kunden geworben. Der Primus P 20 hatte serienmäßig Zapfwelle und Riemenscheibe, hier mit angebautem Feldhächsler Foto: Mayer

Der P 22 Bauernschlepper war nach dem Krieg weiter erfolgreich und diente als Prototyp für die neueren Modelle. Zwei beladene Anhänger waren kein Problem, auch nicht für diesen P 22 im Ostallgäu von 1949 Bes.: Weinberger

In Miesbach ging es auf dem Gelände der Kfz-Firma Paul Mayer weiter, die selbst die Vertretung von Primus-Traktoren übernahm Foto: Mayer

Mit der Zeit stiegen die Ansprüche an die Leistung – Primus P 24, Zweizylinder-MWM-Dieselmotor, Baujahr 1950 Bes: Heckl

Bei der Entwicklung einer modischen Kühlerverkleidung und der Sitze auf den hinteren Kotflügeln dachte man damals auch an die sonntägliche Familienfahrt zur Kirche – Primus P 18 am Unteren Markt in Miesbach Foto: Mayer

Mit kleineren Traktoren erweiterten die Primus-Traktorenwerke Miesbach ihre Produktpalette für den heimischen Markt: PD 1 EL mit luftgekühltem Einzylinder-MWM-Dieselmotor und 12 PS Foto: Kreuzmayr

Im PD 1 Z arbeitet ein wassergekühlter MWM-Zweizylinder-Dieselmotor mit 16, 17 oder 18 PS. Diesen Schlepper gab es ab Werk für DM 6 520, ein Mähwerk mit Antrieb aus dem Getriebe kostete DM 225, ein Mähwerk mit Antrieb von der Zapfwelle DM 670 extra

Bes.: Kreuzmayr

Luft- oder Wasserkühlung – in dieser Frage teilte sich die Bauernschaft. Also musste es möglichst jeden Traktor in zwei Ausführungen geben. Primus-Diesel-Schlepper PD 1 ZL, luftgekühlter MWM-Zweizylinder-Dieselmotor mit 18 PS. Eine komplette hydraulische Kraftheberanlage mit Dreipunktaufhängung und Ackerschiene gab es für DM 1120 Mehrpreis.

Bes.: Weinberger

Ein Primus, den es eigentlich gar nicht gibt: Der PD 12 L, MWM-Motor mit 18 PS, Baujahr 1955, legte mit den Bulldog-freunden Pflugdorf enorme Strecken wie nach Maxlrain (250 km), Tönikon/Schweiz (600 km) und auf den Großglockner zurück Bes.: A. Leitner

lung und später U für Universalschlepper. Waren die Vorkriegsmodelle dunkelblau, so wurde nach dem Krieg zum Teil in roter Grundierung, später im eigens in Schliersee hergestellten Primusblau ausgeliefert.

Köhler hatte es immer verstanden, äußerst fähige Konstrukteure zu gewinnen oder selbst auszubilden. Seinem Ingenieur Schmuck, der Erfahrungen aus dem Bau von schnelllaufenden Kleindieselmotoren und Holzgasmotoren mitbrachte und sich während des Krieges mit amerikanischen Fachzeitschriften auf dem Laufenden gehalten hatte, gelang ein Meisterstück: der dreizylindrige Dieselmotor 3 D 120. Diese robuste, bis 36 PS starke Maschine im Primus PD 3, die noch heute unter Bauern gelobt wird, wurde am 29. September 1948 um 16.31 Uhr zum ersten mal in Gang gesetzt – und gab bereits nach drei Minuten mit einem lauten Knall ihren Geist auf. Die Kragen der Zylinderlaufbüchsen waren abgerissen, diese einzige Schwachstelle hatte man jedoch bald behoben. Wie beim kleineren Nachfolger 2 D 120 waren die auswechselbaren Zylinderlaufbüchsen und eine sehr kräftig gehaltene Kurbelwelle die gepriesenen Vorzüge. Ein hermetisch abgeschlossenes Kurbelgehäuse sollte Staubeintritt und Kondensatbildung ver-

Ein Primus-Traktor ist auf einem Treffen oft der einzige seiner Art – der PD 2 L mit luftgekühltem MWM-Zweizylinder-Dieselmotor, Baujahr 1958 hat bis Anfang 2003 in der Landwirtschaft in Miesbach gearbeitet Bes.: Lange

Zur Erinnerung

an die Fertigstellung des ersten
Primus-Dieselmotors

der bei

Primus-Miesbach

konstruiert und gebaut
am 29. 9. 1948 um 16³¹ Uhr zum ersten Mal in Gang
gesetzt wurde

Erster Probelauf des neuen Primus-Dreizylinder-Motors 3 D 120 in Miesbach, in der Mitte Konstrukteur Schmuck

Bes.: Schmuck

Der Klassiker in Oberbayern – Primus PD 3, für Liebhaber der einzige echte Primus. 30 oder 36 PS waren für damalige Verhältnisse eine ordentliche Leistung. Den Mähantrieb gab es für DM 280, das Mähwerk für DM 595 Foto: M. Leitner

Der kleinere Bruder PD 2 läuft auch mit einem echten Primus-Motor, dem wassergekühlten Zweizylinder-Dieselmotor 2 D 120. In der Bedienungs-Anweisung heißt es zur Wartung: Täglich Öl- und Wasserstand prüfen, wöchentlich Ölbad-Luftfilter kontrollieren (bei staubiger Luft öfter), monatlich Kraftstoff-Filter reinigen, jährlich Schmierölspaltfilter und Gehäuseabschluss-Deckel reinigen, regelmäßig nach 200 Betriebsstunden Ölwechsel, in größeren Abständen Ventilspiel prüfen, bei unregelmäßigem Lauf und Rauchentwicklung Einspritzdüsen auswechseln Foto: Schmuck

Der legendäre wassergekühlte Primus-Motor 3 D 120, Herzstück des großen Primus-Traktors PD 3, wird noch heute viel gelobt. Seine Vorzüge: auswechselbare Zylinderlaufbüchsen, hermetisch abgeschlossenes Kurbelgehäuse, einfache Instandsetzung. Mit lange gehüteten originalen Ersatzteilen wurde dieses Exemplar liebevoll restauriert

Foto: Lange

Der PD 3 mit seiner 50 m langen Seilwinde W 2 ist noch heute in einer Baumschule im Einsatz Bes.: Baumschule Weiß

Primus-Dieselmotoren wurden auch in Berliner Ausflugsboote eingebaut, so in das Motorschiff MS Heidelberg der Reederei Laahe, Saatwinkel-Spandau, mit 120 Personen Tragfähigkeit. Die 17,50 m lange Motoryacht wird noch heute auf Berliner Wasserstraßen verchartert, allerdings inzwischen mit einem Mercedes-Benz-Diesel unter Deck

Foto: Kreuzmayr

hindern und den Einsatz in der Wüste und in den Tropen ermöglichen. Die Schraubenmutter-Größen wurden auf Köhlers Geheiß auf zwei Doppelschlüssel reduziert, so dass auch wenig geübte Arbeitskräfte Instandsetzungen durchführen konnten. Schmuck wechselte 1953 zu Güldner und konstruierte dort luftgekühlte Dieselmotoren.

Der Primus-Motor wurde damals als staubdicht, überflutungsfest, robust und narrensicher beworben. Kein Wunder also, dass er auch im Bootsbau Verwendung fand. So hatten die Ausflugsboote Wiesel, Kehrwieder und Heidelberg der Reederei Lahe in Berlin-Spandau einen Primus-Antrieb. Die MS-Heidelberg, eine 17,50 m lange Motoryacht aus genietetem Siemensstahl, wird heute noch von der Bootsvermietung Fangrot für Touren über die Berliner Wasserstraßen verchartert. Unter Deck brummt allerdings inzwischen ein 130 PS starker Mercedes-Benz-Diesel, der Originalmotor fand bei einem Sammler in Oberbayern seine Ruhestätte.

In der Nachkriegszeit wurde das Unternehmen wesentlich von Köhlers Freund und Geschäftsführer Seibold geprägt. Der Konstrukteur Heller erlernte sein Handwerk bei Primus von der Pike auf und zeichnete die letzten Modelle U 60 und U 40. In den letzten Jahren war der Meister der Motorenfertigung, Kreuzmayr, technischer Leiter und Prokurist. Er hatte bei Hurth gelernt hatte und stellte über Köhlers Tod 1955 hinaus Seite an Seite mit dem Meister Streit seine ganze Schaffenskraft in den Dienst der Primus-Traktoren-Gesellschaft. Er wird noch heute wegen seines Könnens gelobt. Und dahinter stand immer eine zusammengeschweißte Mannschaft, die in den besten Zeiten in 12-Stunden-Schichten mit 100 Mann 100 Traktoren pro Monat produziert hat.

Primus-Traktoren wurden mit leichten Abwandelungen, aber unverkennbarem Aussehen, auch anderenorts hergestellt. So baute der ehemalige Mitarbeiter Titus in Worms am Rhein in Lizenz Universal-Schlepper, die äußerlich nur durch ein zweites rundes Typenschild vom Miesbacher Primus zu unterscheiden waren. In Österreich entstand bei der Firma Anton Gottfried-Fahrzeugbau der Austro-Primus Dieselschlepper PDS 18 mit einem Steyr-1-Zylindermotor.

In Miesbach versuchte man, auf der Basis des PD3 neue Märkte zu erschließen. So entstand ein Straßenschlepper PD3, der in öffentlichen Fuhrparks Verwendung fand. Auch Köhlers Idee von der Verbindung von Schlepperbau und Elektrizität, für die

Wie es zur Abwanderung des Primus-Mitarbeiters Titus kam, ist bis heute ungeklärt. Jedenfalls wurden unter dem Namen Titus Traktoren-Montage-Werk in Worms am Rhein Primus-Universal-Schlepper in Lizenz hergestellt, zu erkennen an ihrem zweiten runden Typenschild. Dieser Titus-Primus U 12 mit 11er-Deutz-Motor aus dem Jahr 1950 arbeitete lange in Oberbayern, bis er zum Schmuckstück des Veteranenhofs Klein Tastrup wurde Bes.: Jessen

Für öffentliche Fuhrparks gab es den Primus PD 3 auch als Straßenschlepper, z.B. bei der Berliner Kraft- und Licht AG (BEWAG) Foto: Kreuzmayr

Köhler hatte immer ein Faible für die Verbindung von Diesel- und Stromantrieb. Der Primus PD 3 Elektropionier konnte mit einem eingebauten Aggregat selbst Strom herstellen und war gedacht für Forst-, Bau- und Filmgewerbe Foto: Streit

Primus-Traktoren in der Miesbacher Zeitung: „Von Miesbach aus in alle Welt". Wochen später werden diese Zugmaschinen bereits irgendwo über die Erde Patagoniens, des Peloponnes oder des anatolischen Hochlandes rattern Foto: Streit

Primus-Traktoren

Typ	PS	Motor	Baujahr
Berlin-Lichtenberg (ab 1933)			
P 11, P 14 Straßenschlepper	6/7-9	Deutz (1 Z.)	1934
P 16, P 25 Straßenschlepper	8-18	Deutz (1/2 Z.)	1936
P 20, P 30 Straßenschlepper	18/22	Deutz (1/2 Z.)	1936
P 22 Bauernschlepper	22	Deutz (2 Z.)	1938
P 20 Elektro-Straßenschlepper	15	Elektro	1942
P 25 G Bauern-Gasschlepper	25	Deutz, Holzgas	1943
Miesbach (ab 1938)			
P 11 "Pony"	11	Deutz	1938
P 16 "Packesel"	16	Deutz	1941
P 14/15	14/15	MWM (1 Z.)	1949/1950
P 22/24	22/24	MWM (2 Z.)	1945/1949
P 28	28	Primus (3 Z.)	1949
P 18/20	18/20	Primus (2 Z.)	1950
PD 3 „Elektropionier"	30	Primus (3 Z.)	1950
PD 2 L	20,22,24	MWM (2 Z. l.)	1953
PD 1 B	12	MWM (1 Z. l. 4 G.)	
PD 1 EL	12	MWM (1 Z. l. 5 G.)	1953
PD 3	35,36	Primus (3 Z. w.)	1953
PD 3 B	30	Primus (3 Z. w.)	
PD 2	20,24	Primus (2 Z. w.)	1953
PD 1 E	12	MWM (1 Z. w.)	1954
PD 12 L	18	MWM (2 Z. l.)	
PD 1 Z L	18	MWM (2 Z. l.)	1954
PD 6	60	MWM (2 Zyl. w.)	1955
PD 4	40/45	MWM (3 Zyl. w.)	1955
PD 1 Z	17,18	MWM (2 Z. w.)	1956

andere:

Titus-Primus U11/15/22/33/35/40/60/70/R90	Deutz/MWM	Worms am Rhein
Austro-Primus-Dieselschlepper PDS 18	Steyr (1 Z.)	Österreich
S 22 Stock-Diesel Universalschlepper (Vertrieb Primus Berlin)	Stock (2 Zyl.)	1934

Z.=Zylinder, l.=luftgekühlt, w.=wassergekühlt, G.=Gänge

50er Jahre in Miesbach: U 40 oder PD 4 mit wassergekühltem MWM-Dreizylinder-Dieselmotor, 40 oder 45 PS, hier mit angebautem Heckbagger Foto: Heller

er 1943 ein Patent erhalten hatte, erlebte eine Renaissance. Der PD3 „Elektropionier" konnte mittels fest zwischen Motor und Getriebe eingebautem Aggregat selbst Strom herstellen, was ihn für Wandergewerbe, Forstwirtschaft und Film- und Bauindustrie zusätzlich attraktiv machen sollte. Im Landmaschinen-Markt von 1953 heißt es dazu allerdings: Neben den Kosten für die elektrische Ausrüstung sind psychologische Momente zu berücksichtigen, die beim konservativen Bauern nur schwer beseitigt werden können.

Der Erfinder Köhler hatte weitere Patente für einen Ackerschlepper mit angebauten Bodenbearbeitungsgeräten und eine Flüssigkeitskühlung für Verbrennungskraftmaschinen. Die fortschreitende Sättigung des deutschen Schleppermarktes zwang schließlich zu größeren Exportgeschäften. Miesbacher Bürger erinnern sich noch heute gerne, wie sie staunend stehen blieben, wenn wieder eine Serie nagelneuer, glänzender Primus-Traktoren in einer Kolonne zum Güterbahnhof gefahren wurde – ein Job, um den sich die Primus-Lehrjungen rissen. Für Argentinien wurden sogar 60 PS starke und dreieinhalb Tonnen schwere Primus-Traktoren mit extra großem Tank vom Typ U 60 gebaut. Für diesen Export

Große Traktoren für den Export nach Argentinien: U 60 oder auch PD 6 mit 60 PS starkem wassergekühlten MWM-Zweizylinder-Dieselmotor und extra großem Tank. Eigengewicht der Maschine: 3500 kg, Verkaufspreis ab Werk: DM 19 950

Foto: Kreuzmayr

Groß, grösser, der Größte – von diesem Ungetüm mit Vierzylinder-Dieselmotor wurden nur einzelne Exemplare gebaut. Stolz wird dieser Großschlepper vor dem Tankstellengelände Mayer in Miesbach präsentiert
Foto: Streit

Primus-Chronologie

J. Köhler	1893-1955
1933	Gründung Primus Traktoren-Gesellschaft mbH, Johannes Köhler, Berlin-Lichtenberg
1940-45	Primus Traktoren-Gesellschaft, Johannes Köhler und Co. KG, Berlin-Lichtenberg
1946	Primus Traktoren-Gesellschaft, Berlin-Lichtenberg unter Sequester-Verwaltung, Reparatur von Traktoren
1949	erwähnt als Primus Traktoren Gesellschaft, Volkseigener Betrieb, Berlin-Lichtenberg, Rechtsträger VVB Stahlbau Leipzig
1.1.1939	Produktionsbeginn in Miesbach/Obb.
1947-64	Primus Traktoren-Gesellschaft, Johannes Köhler und Co. KG, Miesbach/Obb.
1.12.1961	Gewerbeanmeldung für die Bearbeitung von Gussteilen für Werkzeugmaschinen und Getriebe sowie Stahlkonstruktionen für Fahrzeugteile, Heizanlagen und Bauelemente; der Traktorenbau ruht
1.12.1964	Abmeldung des Traktorenbaugewerbes, Maschinen- und Stahlbau läuft weiter als Primus Maschinen- und Stahlbau, Hans Köhler und Co. KG, Miesbach/Obb., Geschäftsleitung Dr. Hans Köhler (München)
2.7.1976	vollständige Betriebsauflösung

Landwirtschaftsausstellung in München, 1957. Von vorne nach hinten: Primus PD 3, PD 2, PD 1 E, PD 2 L Foto: Streit

Fachkundige Restaurierung eines Primus PD 2 in Obersasbach Bes.: Häusler

mussten die Schlepper orange lackiert werden, nur einige wenige Exemplare verblieben in Deutschland. Von einem weiteren Ungetüm mit einem 4-Zylinder-König-Motor wurden nur einzelne Exemplare gebaut.

Der ruinöse Wettbewerb im deutschen Schlepperbau und ein geplatzter Großauftrag für die Türkei über 1000 PD2 und PD3, von denen 100 ausgeliefert aber nie bezahlt wurden, führten jedoch schließlich zum allmählichen Untergang der Primus-Gesellschaft. Hatte man doch schon Teile in großem Stil gekauft und im ganzen Landkreis gelagert. Die letzte Traktor-Ausstellung fand 1955 auf der Handwerksmesse in München statt, ab 1961 ruhte der Traktorenbau ganz. Der letzte in Miesbach hergestellte Primus-Traktor war ein Kleinschlepper mit Deutz-Motor.

In der Werkshalle wurden jetzt Guß- und Stahlteile hergestellt. So entstanden in der Primus Maschinen- und Stahlbau-Gesellschaft Öfen vom Typ Dauerbrenner Oberland, Kessel für die Preußag, Ersatzteile für Dampflokomotiven, Motorenrahmen für Schiffe, Bremszylinder für Knorr, Teflonlager für den Brückenbau und die ersten Fritzmeier-Verdecke. Zugeliefert wurde auch für Kraus-Maffei, Wanderer, Hatz, Beilhack Rosenheim, Schlüter Freising und die Zahnradfabrik Passau. Der Fabrikantensohn H. Köhler, Doktor der Theologie und Philosophie, fungierte als Geschäftsführer. Aber alle Flexibilität der gesamten Belegschaft konnte das endgültige Aus nicht verhindern. Am 2. Juli 1976 wurde der Primus-Betrieb vollständig aufgelöst.

Bis auf ein verwittertes Parkplatzschild erinnert am alten Miesbacher Werk nichts mehr an den Schlepperbau. In den Erzählungen ehemaliger Mitarbeiter und leidenschaftlicher Sammler aber wird die Primus-Geschichte wieder lebendig. Einige der sympathischen Schlepper mit ihrer typischen runden Primus-Nase stehen noch in Scheunen, Garagen und Museen. Andere verrichten sogar immer noch brav ihre Arbeit und werden geschätzt wegen ihrer Zuverlässigkeit auch in kalten Wintern. Und so erinnern die Primus-Schlepper vor dem Hintergrund gigantischer politischer und wirtschaftlicher Umwürfe einzigartig an eine Epoche erfindungsreichen und flexiblen deutschen Schlepperbaus.

Hinweis: Der Autor arbeitet zur Zeit an einer umfangreichen Chronik über Primus, die im Frühjahr 2004 erscheint.

Vom INTRAC zum IN-trac

Die trac-Schlepper von Deutz

von Martin Pfeiffer

Das trac-Konzept

Erstmals entwickelt wird das Trac-Konzept 1968 von Mercedes-Benz. Auf der Basis des Unimogs wurde ein Prototyp gebaut, der Merkmale aufweist, die ihn von „normalen" Traktoren unterscheiden. Er hat vier gleich große Räder, die alle angetrieben sind. Über der Hinterachse befindet sich ein dritter Anbauraum. Die Kabine ist in der Mitte aufgebaut. Heck- und Fronthubwerk machen den MB-trac – so wurde die neue Maschine getauft – zusammen mit dem dritten Anbauraum zu einem echten Allround-Schlepper.

Gleichzeitig wird bekannt, dass auch die Klöckner-Humboldt-Deutz AG an der Entwicklung eines Trac-Schleppers arbeitet. Der „INTRAC 2002" wird auf der DLG-Ausstellung 1972 in Hannover der Öffentlichkeit vorgestellt. Auch der 65 PS starke MB-trac 65/70 wird dort erstmals präsentiert. Viele Fachleute geben beiden keine großen Erfolgschancen. Trotzdem: Einige Landwirte und Experten sehen durchaus Vorzüge des INTRAC, und so kann KHD bereits in Hannover die ersten Bestellungen entgegennehmen.

Der Vorteil des INTRAC gegenüber dem MB-trac ist, dass die Kabine – abgesehen von der Fronthydraulik und den Rädern – das vorderste Bauteil ist und so eine bestmögliche Sicht auf die Frontanbaugeräte bietet. Der Nachteil ist, dass der INTRAC auf Basis des Standartschleppers Deutz D 5006 entwickelt worden war. Konstruktionsbedingt sind die Vorderräder kleiner als die Hinterräder, wodurch die hervorragende Zugkraft des MB-trac nicht erreicht wird. Dieser Nachteil wird 1974 mit dem INTRAC 2005 aufgehoben.

Deutz INTRAC 2002 mit Düngerstreuer und Streugutbehälter von Hassia

1972

Auf der DLG-Ausstellung wird der INTRAC 2002 vorgestellt. Er ist auf der Basis des Standartschleppers Deutz D 5006 entwickelt worden. Sein Motor – ein Deutz F3L912 – ist luftgekühlt und leistet 51 PS bei 2300 U/min. Zuerst wird das Getriebe Deutz TW 50.1 eingebaut, man weicht allerdings bald auf den Typ TW 50.3 aus. Beide haben 12 Vorwärts- und 4 Rückwärtsgänge. Die Zapfwelle ist umschaltbar zwischen 540 und 1000 U/min. Die Höchstgeschwindigkeit des INTRAC 2002 beträgt gut 25 km/h. Einzigartig ist die Kabine: Sie ist rundum geschlossen und bietet uneingeschränkte Sicht nach vorne. Durch Schiebetüren kann man auch in beengten Situationen gut ein- und aussteigen.

Bald schon kooperiert Deutz mit verschiedensten Herstellern von Anbaugeräten. Zusammen mit diesen wird das „INTRAC-System 2000" entwickelt. Firmen wie Rau oder Ritter entwickeln speziell auf den INTRAC ausgerichtete An- und Aufbaugeräte.

1974

Anhand der Erfahrungen mit dem INTRAC 2002 wird 1974 als Nachfolgemodell der INTRAC 2003 vorgestellt. In diesem INTRAC wird der Deutz-Motor F4L912 – wie alle Deutz-Motoren dieser Zeit luftgekühlt – eingebaut. Der Dieselmotor mit 3768 cm^3 Hubraum leistet 60 PS bei 2300 U/min. Zuerst handelt es sich um das Deutz-Getriebe TW 50.3 mit wahlweise 8 oder 12 Vorwärts- und 4 Rückwärtsgängen und 25 km/h Höchstgeschwindigkeit. Ab 1978 wird das Getriebe TW 50.4 mit 9/4 bzw. 13/4 Gängen und 30 km/h Höchstgeschwindigkeit ver-

Deutz INTRAC 2005

Deutz INTRAC 2003 mit Frontmähwerk und Ladewagen von Fahr. In dieser Kombination noch heute im Einsatz zu sehen

Deutz INTRAC 2004

Dieser INTRAC 2004 stammt aus einem der letzten Baujahre, erkennbar an der Aufschrift Deutz-Fahr statt Deutz

Zur einfacheren Zugänglichkeit an Motor und Getriebe ist die Kabine kippbar

Die Kabine des INTRAC 2004 von Sekura (Dänemark)

wendet. Auch an der Kabine sind gegenüber dem INTRAC 2002 Verbesserungen durchgeführt worden: Die Frontscheibe ist aufstellbar und durch Gummilager wird der Geräuschpegel gesenkt.

Ebenfalls 1974 wird der INTRAC 2005 zur Abrundung der Produktpalette nach oben vorgestellt. Mit ihm wird erstmals der Nachteil der schlechteren Zugkraftübertragung gegenüber dem MB-trac durch vier gleich große Räder aufgelöst. Der Deutz-Motor F5L912 leistet 80 PS bei 2500 U/min. Ein Sonderfall bei Traktoren ist das Getriebe: Es wird ein Hydrostat mit zwei Stufen von Linde eingebaut. In der ersten Stufe fährt der INTRAC 0-18 km/h, in der zweiten 0-40 km/h. Die Kabine ist in vergrößerter Form vom INTRAC 2003 übernommen. Doch der Hydrostat, mit dem Deutz ein Zeichen für Fortschrittlichkeit setzen will, wird dem INTRAC 2005 zum Verhängnis: Wegen des systembedingt geringeren Wirkungsgrads und aufgrund des höheren Preises gegenüber dem Schaltgetriebe wird der INTRAC 2005 nur in wenigen Exemplaren gebaut.

1975

Trotz des geringen Erfolges des INTRAC 2005 wird dieser von Deutz weiterentwickelt und schon nach einem Jahr durch den INTRAC 2006 abgelöst. Im Wesentlichen unterscheidet sich dieser durch die höhere Motorleistung vom INTRAC 2005. Der Deutz-Motor F6L913H mit 6 Zylindern verfügt über 116 PS bei 2500 U/min. Der hydrostatische Antrieb mit Langsam- und Schnellschaltung wird wiederum von Linde bezogen. Doch da der INTRAC 2006 bei den Landwirten und Lohnunternehmern auf noch weniger Akzeptanz stößt, wird die Produktion schon zum Jahresende 1975 eingestellt.

1978

Weil seit der Produktionseinstellung des INTRAC 2006 nur der INTRAC 2003 mit 60 PS im Programm von Deutz ist, wird 1978 der INTRAC 2004 präsentiert. Er ist eine Weiterentwicklung des INTRAC 2003. Die Kabine, die nun die dänische Firma Sekura liefert, hat zwar keine Schiebetüren, bietet dafür aber wesentlich mehr Komfort. Außerdem ist die Sicht zur Seite im Vergleich zur alten Kabine durch Rundumverglasung wesentlich verbessert. Auch die Motorleistung wird angehoben: Der Motor Deutz F4L912 ist mit 70 PS bei 2300 U/min ausgestattet. Das Deutz-Getriebe TW 50.7 hat 12 Vorwärts- und 4 Rückwärtsgänge. Auf Wunsch wird ein Transportgang mit 40

Deutz-Fahr INTRAC 6.60; noch vor der Kooperation mit Daimler-Benz gebaut

trac-Technik IN-trac 6.60 mit Maishäcksler im Frontanbau

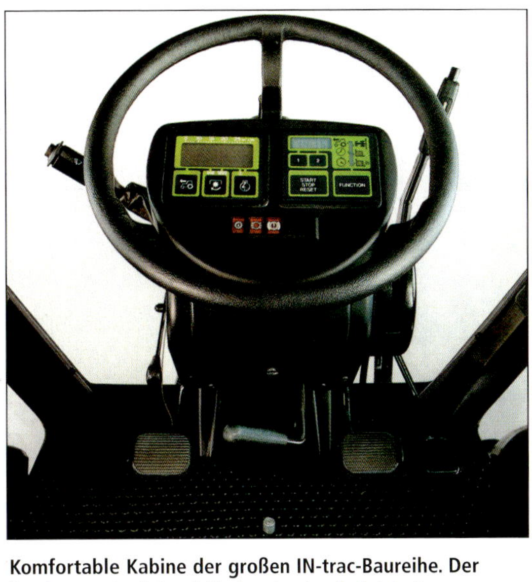

Komfortable Kabine der großen IN-trac-Baureihe. Der Bordcomputer ist auf (!) dem Lenkrad platziert

Prototyp eines Nachfolgers für MB-trac und IN-trac mit der Typenbezeichnung „MB-trac 1020"

km/h lieferbar. Zunächst wird der INTRAC 2004 neben dem INTRAC 2003 gefertigt, allerdings werden 1978 nur noch wenige INTRAC 2003 gebaut. Daraus folgte ...

1979

... das Produktionsende des INTRAC 2003.

1985

Auf der Agritechnica im November 1985 stellt Deutz-Fahr eine neue INTRAC-Baureihe mit drei Typen vor, die das INTRAC-Programm nach oben ergänzen. Die ausgestellten Modelle sind noch Prototypen. Ihre Typenbezeichnungen sind denen der übrigen Deutz-Fahr-Traktoren angepasst: „Zylinderzahl.Typenbezeichnung". Das INTRAC-Konzept wird bei den neuen Modellen überarbeitet. Die Räder sind gleich groß, die Kabine ist völlig überarbeitet. Die Frontscheibe ist fast bis zu den Achsen heruntergezogen, aber nicht mehr aufstellbar. Der Geräuschpegel liegt auf dem Niveau damals moderner Traktoren.

Der kleinste Typ der großen INTRAC-Baureihe ist der 6.05. Sein luftgekühlter Deutz-Dieselmotor F6L912 leistet 98 PS bei 2300 U/min. Das Deutz-Getriebe TW 920 hat 24 Vorwärts- und 6 Rückwärtsgänge. Mit auf Wunsch lieferbarer Lastschaltung sind es 40/10 Gänge.

Der zweitgrößte Typ 6.30 hat einen Deutz-Motor F6L913. Er leistet 115 PS bei 2400 U/min. Das im INTRAC 6.30 eingebaute Getriebe TW 930 ist weitgehend baugleich mit dem im INTRAC 6.05 eingebauten TW 920. Der Unterschied besteht darin, dass es auf eine höhere Motorleistung ausgelegt und dementsprechend robuster gebaut ist.

Der größte INTRAC ist der technisch auf dem Deutz-Fahr DX 6.50 basierende INTRAC 6.60. Sein Deutz-Motor BF6L913 ist, gekennzeichnet durch das „B" in der Motortypenbezeichnung, mit einem Turbolader ausgerüstet. Dieser leistet 150 PS bei 2300 U/min. Wie die INTRAC-Typen 6.05 und 6.30 verfügt der 6.60 über ein Deutz-Getriebe der Baureihe TW 900, das TW 940. Analog zu den anderen Typen hat es 24/6 Gänge, mit Lastschaltung 40/10 Gänge.

1987

Schon bald stellt man bei Deutz-Fahr fest, dass auch die große INTRAC-Baureihe ein Nischenprodukt ohne großen Erfolg bleiben würde. Gegen den Konkurrenten MB-trac von Daimler-Benz ist nicht viel auszurichten. Ein erheblicher Nachteil des INTRAC ist der relativ hohe Preis. Zwar war auch der MB-trac nicht

IN-trac 6.60 neben MB-trac 1600 turbo, aus dessen Schatten er nie herausgetreten ist

Zeitgemäße Werbung für IN-trac und MB-trac in der Kundenzeitschrift „trac aktuell"

gerade billig, doch lag der Preis des INTRAC 6.60 gegenüber dem gleichstarken MB-trac 1500 um gut 10 000 DM (ca. 5100 EUR) höher. Ein weiterer Nachteil sind die Getriebeprobleme des INTRAC, die zum Teil schon nach 3 000 Betriebsstunden auftraten.

Doch ganz aufgeben will Deutz-Fahr die Produktion des INTRAC nicht. Deshalb kommt es Anfang 1987 zu Gesprächen mit Daimler-Benz und Mitte des Jahres sind bereits Kooperationsverträge unterschrieben. Es werden zwei Gesellschaften gegründet: Die Trac-Technik-Entwicklungsgesellschaft (TTE) mit Sitz in Köln bei Deutz-Fahr und die Trac-Technik-Vertriebsgesellschaft (TTVG) mit Sitz in Gaggenau bei Daimler-Benz. Die TTE, so sehen es die Verträge vor, soll einen gemeinsamen Nachfolger für den MB-trac und den IN-trac entwickeln. Mit der Kooperation wird die Schreibweise dem Namen „MB-trac" angepasst: IN-trac. Die TTVG hat die Aufgabe, die acht MB-trac-Modelle (700, 800, 900 turbo, 1000, 1100, 1300 turbo, 1400 turbo und 1600 turbo) und die zwei IN-trac-Modelle (6.30 und 6.60; die Produktion des 6.05 wurde mit der Kooperation eingestellt) zu vertreiben. Produziert werden die IN-trac immer noch in Köln bei Deutz-Fahr und die MB-trac weiter in Gaggenau bei Daimler-Benz.

Neben der Produktionseinstellung des INTRAC 6.05 wird ab 1987 in den IN-trac 6.30 ein anderer Motor eingebaut: Ein Deutz BF6L913T, der mit Turbolader 126 PS bei 2400 U/min leistet.

1989

Wegen zu geringer Nachfrage und inzwischen veralteter Technik wird die Produktion des nicht in den Vertrag mit Daimler-Benz eingeschlossenen INTRAC 2004 eingestellt. Er ist der am längsten gebaute und erfolgreichste INTRAC.

1990

Anfang 1990 stellt die TTE eine Projektstudie über einen Nachfolger für IN-trac und MB-trac vor. Ein Prototyp mit dem Namen „MB-trac 1020" entsteht. Seine Serienproduktion soll 1992 – nach dem im Kooperationsvertrag festgesetzten Auslauf aller IN-trac- und MB-trac-Modelle im Dezember 1991 – starten. Doch bald wird klar, dass ein Nachfolger nicht rentabel produziert werden kann.

1991

Am 31. Dezember 1991 läuft die Produktion aller IN-trac und MB-trac aus. Im Landtechnikmagazin „profi", Ausgabe 12/1991, inseriert Daimler-Benz über zwei DIN-A4-Seiten: „MB-trac – eine Spur, die noch lange Eindruck hinterlassen wird." So ist es auch, wie viele Fanclubs und Internetseiten beweisen.

Sie fragen nach dem IN-trac? Zu teuer war das Konzept und technisch nicht genügend ausgereift. Daher hat der IN-trac nur wenige Anhänger gefunden. Auch von Gebrauchtkäufen wird regelmäßig abgeraten, während der MB-trac als Gebrauchtmaschine sehr gefragt ist.

Der INTRAC als Kommunalfahrzeug

Da der MB-trac von Daimler-Benz bei Kommunen als Allzweckfahrzeug sehr beliebt ist, will sich auch Deutz mit dem INTRAC in diesem Segment versuchen. Deshalb stellt Deutz bald nach der Einführung des INTRAC 2004 (Standartversion) die Version INTRAC 2004 GI „für Gewerbe, Industrie und kommunale Aufgaben" vor. Das ist ein normaler INTRAC 2004 mit einigen Sonderausrüstungen: orangefarbene Kommunallackierung, Rundumwarnleuchte und Industriebereifung. Viel Erfolg ist aber auch dem INTRAC 2004 GI nicht beschieden.

Dennoch bleibt die GI-Bauform im Programm. Mit der Vorstellung der großen INTRAC-Baureihe (Typen 6.05, 6.30 und 6.60) im Jahre 1985 werden auch diese in GI-Bauform angeboten. Bei Deutz-Fahr – mittlerweile ist der Firmenname geändert – bemüht man sich nun, Partner für den Bau von kommunalen An- und Aufbaugeräten zu finden. Mit Erfolg: Mehrere Firmen entwickeln speziell auf den INTRAC abgestimmte Anbaugeräte. Die bekanntesten sind die Firmen Mohr (Aufsattel-Mähcontainer), Schaeff

INTRAC 2004 GI B. Hamhuis Landtechnik

(Aufbaubagger; die Baggerkabine ist auf dem dritten Anbauraum aufgebaut, der Ausleger an dem Heckhubwerk), Baas (Frontlader) und Schmidt (Schneepflüge und Aufbaustreuer). Doch auch die große INTRAC-GI-Baureihe bleibt ein Nischenprodukt, und so werden bis zur Produktionseinstellung nur wenige Exemplare gefertigt.

INTRAC 2004 GI mit Baas-Frontlader und Heckbagger von Schaeff

Lanz in Australien

Auf Spurensuche im „Outback" – eine Fotoreportage

von Wolfgang Wagner

Der Name Lanz stand mit dem Export von Dampflokomobilen und Dreschsätzen in alle „Kulturstaaten" für Qualität und Zuverlässigkeit seiner Produkte. Mit Niederlassungen vor Ort sowie besonders geschulten Reisevertretern und Auslandsmonteuren akquirierte die Firma einen treuen Stamm zufriedener Großkunden und avancierte zum größten Exporteur landwirtschaftlicher Maschinen im zunächst überwiegend osteuropäischen Raum. Mit dem Beginn der Vollmotorisierung in der Landwirtschaft ab 1920 endete bald die „Dampf-Ära" und der in Mannheim von Ing. Fritz Huber zur Serienreife entwickelte „Bulldog" sollte als künftiger Exportschlager alten und neuen Kunden in der ganzen Welt verkauft werden. In einem Prospekt wird er als „Schlepper mit Weltruf" beworben. Mit der Exporterweiterung nach Übersee entwickelten sich erste geschäftliche Kontakte zu Händlern in Australien, insbesondere zu Kelly & Lewis Ltd. in Perth und Melbourne sowie Dangar, Geyde & Malloch Ltd. in Sydney. Bereits im Jahre 1929 lieferte Lanz von 1 156 exportierten Maschinen insgesamt 132 Schlepper nach Australien, Neuseeland und Tasmanien. Mit dem zuverlässigen Kühlerbulldog (15/30-22/28), der durch die Umrüstung von der Verdampferkühlung auf Thermosyphonkühlung seine unschlagbare Betriebssicherheit auch bei tropischen Temperaturen von über 40° Celsius unter Beweis stellte, wurde ein beachtliches Marktsegment gegen die lange eingeführten Schlepper aus Amerika und England abgesteckt. Lanz exportierte von diesem Maschinentyp 273 Schlepper und war nachfolgend mit ca. 1 500 Einheiten des HR-Bulldog 35/45 PS in unterschiedlichen Ausführungen bis zum kriegsbedingten Abbruch der Handelsbeziehungen erfolgreich.

Exportmaschinen nach Australien / Tasmanien / Neuseeland von 1928-1938

PS	Bauart	Stückzahl
22/28 PS	Groß-Bulldog HR 2	77
22/28 PS	Groß-Bulldog HR 4	92
15/30 PS	Kühlerbulldog HR 5	217
22/28 PS	Kühlerbulldog HR 6	46
20 PS	Ackerbulldog D 3500	13
12/20 PS	D 7500 HN	7
25 PS	D 7500 HN 3	36
25 PS	D 7506	9
35 PS	D 8500	793
35 PS	D 8506	38
35 PS	D8511	13
45 PS	D 9500	265
45 PS	D 9506	19
45 PS	D 9511	1
38 PS	D 9550 (Raupe)	32
55 PS	D 1515 (Raupe)	38

Gegenüber den vorherrschenden Vergasermaschinen beeindruckte der Glühkopfmotor durch seine konstruktive Robustheit und Treibstoffgleichgültigkeit, die von den Farmern hoch gelobt wurden. Mit dem Importverbot deutscher Industriegüter entwickelten australische Firmen Funktionsmuster nach dem Glühkopfprinzip in Eigen- und Lizenzfertigung. Ein identischer Nachbau des 35 PS-Bulldog wurde von 1947 bis 1952 unter der Bezeichnung KL-Bulldog von Kelly & Lewis Pty.Ltd. im Werk Springville montiert. Der in ca. 800 Exemplaren gebaute Schlepper leistete 40 PS. Jedoch war von häufigen Kurbelwellenschäden die Rede. Auch diese Maschine wurde – wie die Mehrzahl der importierten „Brüder" – ohne Hinterradbremsen (keine Bremstrommeln) ausgeliefert. Die „Blaupausen" für den KL sollen als kostenfreie Reparationsleistungen eingefordert worden sein; nur der Bosch-Öler war „made in Germany". Auch die Motorenfabrik McDonald Pty. Ltd. in Richmond konstruierte einen Schlepper mit Glühkopfmotor, der gegen die Fahrtrichtung auf ein Rahmenfahrgestell montiert wurde.

Mit zunehmender Normalisierung der wirtschaftlichen Kontakte nach dem Kriege konnte die Lieferung neuer Maschinen in größerem Umfang aus Deutschland wieder aufgenommen werden. Kelly & Lewis – als autorisierter Lanz-Importeur für Australien – führte zunächst nach Einstellung seiner KL-Produktion wieder Traktoren aus Mannheim ein. Bereits 1953 titelte die „Weekly Times" aus Melbourne: „Mehr als 5 000 australische Farmer benutzen täglich einen „Bulldog-Tractor". Diese Einschätzung entsprach natürlich (noch) nicht der Reali-

Lanz-Monteur Klaus Rhades mit seiner „Fliegenden Karawane" im australischen Busch (1954)

Postbox vor der Farm Oliver North in Lake Cargelligo, die Rauchkammer einer Marshall-Lokomobile dient als Briefkasten

Auf diesem "Elefantenfriedhof" erinnert nur noch rostige Patina an den Glanz vergangener Zeiten – im Vordergrund ein Case Typ L, Baujahr 1929

Ein 22/38 HP „Crude-Oil-Farm-Traktor" wartet auf die Restauration. Rechts: Ungarn-Import der Firma Hofherr-Schrantz-Clayton-Shuttleworth „Le Robuste" K35 in bedauernswertem Zustand

tät – legte aber werbewirksam Zeugnis ab von dem hohen Bekanntheitsgrad des Lanz-Bulldogs für seine unbestrittene Eignung im schwersten Einsatz unter extremen Bedingungen von Boden und Klima. Farmer verliehen ihm das Prädikat: „Rolls Royce of tractors".

In Erwartung größerer Geschäfte und überzeugt von der Marketing-Option einer kundennahen Repräsentanz errichtete Lanz im Jahre 1953 eine eigene Vertretung in Sydney, die Lanz-Australia Pty. Limited. Für den Service vor Ort wurden speziell ausgebildete Monteure aus Mannheim entsandt.

Einer von ihnen war Klaus Rhades, der in den Jahren 1952-1955 als junger Kundendienstmonteur zunächst bei Dangar, Geyde & Malloch Ltd. in Sydney tätig war und später als Reisemonteur und Verkäufer in den Dienst der Lanz Australia Pty. Ltd. in Neu-Süd-Wales eintrat. Mit seiner „fliegenden Werkstatt" versorgte er Lanz-Kunden auch im entferntesten Busch. Ein zwölf Meter langer, auf zehn Rädern rollender Werkstattwohnwagen war mit allen notwendigen Erfordernissen ausgerüstet. Er war Küche, Wohn- und Schlafraum und zugleich „Büro", da die Rechnungen für die Farmer an Ort und Stelle ausgestellt, und Schecks und Barbeträge entgegengenommen wurden. Unzählige Episoden aus seinem beruflichen Alltag hat er in seinem „australischen Tagebuch" aufgezeichnet.

„Hier, in Tullibigeal habe ich u. a. einen Bulldog überholt, der seit 1937 ohne jeglichen Motor- oder Getriebeschaden lief, noch mit dem ersten Kolben, Zylinder und Pleuellager. Zweimal war er bereits kopfgestanden, so dass der Farmer zwei Jahre lang mit eingeknicktem Auspuff- und Ansaugrohr fuhr. Ich habe seinen zweiten Traktor an die verbogenen Rohre gespannt und sie auf diese Weise gerade gezogen Es war noch nicht einmal ein Riss zu sehen. Die nächste Reise führte mich in einer 24stündigen Fahrt nach Wolgett. Bereits nach drei Stunden war ich dort mit der Arbeit bei Mr. Cox fertig. Ich reparierte die Kupplung an seinem 55 PS-Bulldog, den er hauptsächlich zum „pitschuting" (Wildschweinjagd) benutzte. Das hatte er sich gut ausgedacht, denn der Busch ist für das Auto unzugänglich. Wenn die Farmersfamilie auf der zusätzlich montierten Sitzbank Platz genommen hatte, musste der Fahrer im sechsten Gang durch den Busch jagen, und wenn dann eine Schweineherde gesichtet wurde, schoss alles wild darauf los oder sprang ab um in Deckung

Dieser D 6006 mit Hydraulikanlage und schweren Gußfelgen in Tullibigeal ist "unverkäuflich"

D 5006 mit funkensicherem Auspuff (1957). Rechts: Ein "blauer" 5006" als Teilespender

zu gehen. Der Bulldog fuhr dann weiter, schlug einen großen Bogen und trieb die Schweine ein.

Auch am Lechlan River, im Trockengebiet eine Meile vom Fluß entfernt, hatte Tom Parr mit seinen Söhnen Land urbar gemacht. Zur Bewässerung war bereits eine Pumpe installiert, jedoch nicht in Betrieb genommen worden, da ein geeigneter Motor nicht zur Verfügung stand. Benötigt wurde eine Antriebsmaschine mit zwei Riemenscheiben im Abstand von eineinhalb Metern. Es gelang mir, einen der beiden „Parr"-Bulldogs (55 PS) mit einer zweiten Riemenscheibe zu versehen, und kurz vor Sonnenuntergang kam der erste Wasserstrahl von 28 cm Durchmesser aus dem Rohr und überschwemmte bis zum nächsten Morgen sechs Hektar Land. Der Bulldog arbeitete hier anschließend ununterbrochen drei Monate lang Tag und Nacht am Riemen. Damit bei der Schmierung des Exenters der Motor nicht ausgestellt werden musste, hatte ich den Schmiernippel in die Mitte der Kurbelwelle verlegt. Die australische Gastfreundschaft ist herzlich und man kann unter den Farmern Bekannte und Freunde gewinnen. Oft trifft man deutschstämmige Familien in der dritten und vierten Generation. So erinnere ich mich an den 82-Jährigen Farmer Wilhelm Herrmann, der sich sein Leben lang der ordnenden und zügelnden weiblichen Hand entzog und als Junggeselle allein in seinem bescheidenen aber sauberen Haushalt lebte. Er war gewiss der älteste Bulldogfahrer Australiens – wenn nicht der ganzen Welt. Da er seinen Bulldog kaum mehr von Hand anwerfen konnte, baute ich ihm einen Anlasser in die Maschine. Ich will nicht übertreiben und behaupten, dass der Aufenthalt in Australien für einen Lanz-Monteur ungefährlich sei – aber immerhin, man ist ahnungslos bei der Arbeit, stellt gerade einen Regler ein und plötzlich bewegt sich zwischen den Füßen eine Giftschlange oder eine vier Fuß lange Taipan, die man im Grase nicht bemerkt hat und die sich in Angriffsposition begibt. Beide Male kamen mir Farmer zur Hilfe, die für solche Fälle gerüstet sind."

Klaus Rhades

Der Autor ist im Jahre 2001 zusammen mit dem heute im Ruhestand lebenden Klaus Rhades noch einmal den abenteuerlichen Spuren eines Lanz-Reisemonteurs an das andere Ende der Welt gefolgt und hat ehemalige Kunden, Farmer und Freunde an ihren Wirkungsstätten aufgesucht. Mit den fotografischen Impressionen aus dem Busch wird ein „Traktoren-Freilicht-Museum" kolportiert, wie es auf der Welt wohl einmalig ist.

Schätze in rotem Staub unter Eukalyptusbäumen

Glühkopf im wahrsten Sinne des Wortes bei 40 Grad Celsius mit "stabilisierter" Vorderachse (D 7506)

Der "Importklassiker" 40/45 H. P. – Model P – mit dem funkengesicherten Exportauspuff und den typischen, bis zur Ackerschiene heruntergezogenen, Kotflügeln von 1950

Keine "Langlöcher" in Anhängemaul und Ackerschiene – dieser D 9506 hat ein Bulldogleben lang am Riemen einer Pumpe zur Reisfeldbewässerung gearbeitet

Heute in Australien nachgewiesene Maschinen*

Bauart / Typ	Anzahl
„Urbulldog" HL	1
Groß-Bulldog HR 2	3
Kühlerbulldog HR 4	15
Kühlerbulldog HR 5/6	44
HN 5	29
HN 3	42
HR 7	29
HR 8/9	493
Allzweckbulldog HE	1
D 1706	5
D 2206	6
D 2806	24
D 3206	5
D 3606	10
D 8516	23
D 5016	14
D 1616	1
D 2416	24
D 2816	2
D 4016	7

*Liste A. M. Watson (GB) Mitglied im Lanz-Bulldog-Club-Holstein e.V. (wird ständig erweitert)

"Sonne ohne Ende" auf der Strathdarr-Farm in North-South-West macht diesen 5006 zum "Bleichgesicht"

Auch hier gibt es mal Regen: Abgedeckter Auspuff und Luftfilter schützen das Kurbelgehäuse und den Zylinder vor eindringendem Wasser

„Tiefergelegter" D 85 15 – wurde in Australien ohne Hinterradbremse (keine Bremstrommeln) ausgeliefert

Seit 30 Jahren nicht bewegt: D 8506 der Farmerfamilie Miken

Sensationell: Eingewachsene Legenden (2 x Field Marshall) im Umkreis von nur 200 Metern auf einem Farmgelände

FOR
OUTSTANDING
ECONOMY AND
RELIABILITY—
40 & 45 HP.
LANZ
BULLDOG
Crude Oil
TRACTORS

LANZ
BULLDOG
Crude Oil
TRACTORS
in action!
Distributors in N.S.W.:
DANGAR, GEDYE & MALLOCH LTD.
MALLOCH HOUSE, 10-14 YOUNG STREET, SYDNEY.
BRANCHES AT SOUTH WAGGA, LISMORE AND NEWCASTLE.
LOCAL AGENT:

Hervorragend restauriert: 55 PS Bulldog-Raupe D 1550 aus dem Jahr 1939 in Coleambally/NSW

Top-Rarität auf dem 5. Kontinent: Field Marshall-Raupe (Fowler GB) in perfektem Restaurationszustand

Ein Ford (Model A) gehörte früher auf jede australische Farm – geringe Korrosion und Rostfraß lassen auf eine Restauration hoffen

Schlepperreparatur (Motortausch) im Busch ...

Boliden der Neuzeit: Allrad-Knicklenker aus Kanada (Versatille 875 mit 200 PS)

Die Fendt Schlepperbaureihen 1968-1976

Die Kantigen kommen

von Gilbert Kremer

Unter dem Motto: „Mit der Technik besser leben" stand die 50. DLG Ausstellung 1968 in München. Die Fendt Werke stellten mit „Der modernen Fendt-Serie" ihr neues geschlossenes Schlepper- und Geräteträgerprogramm mit vielen technischen Neuheiten aus. Zu der modernen Fendt-Serie gehörten die Geräteträger mit 32 und 45 PS sowie die drei Schlepperbaureihen Fix, Farmer und Favorit in verschiedenen Ausführungen, im Leistungsbereich von 22 bis 90 PS, alle in der einheitlichen neuen kantigen Formgestaltung. In den kommenden Jahren wurde die Serie durch neue Baureihen sowohl beim GT als auch bei den Standardschleppern ersetzt und die Leistung der Schlepper erweitert.

Mit seinem luftgekühlten Zweizylinder-Motor von MWM, einem Hubraum von 1700 ccm und 2275 U/min sowie dem Direkteinspritz-Verbrennungsverfahren hatte das kleinste Modell, der Fix 2 E, eine Leistung von 22 PS. Serienmäßig ausgerüstet mit einem Fendt-8-Gang-Getriebe, automatischer Fendt-Regel-

Fendt Fix 2 E

FENDT *Farmer 1E*

30 PS nach DIN 70020
34 PS nach SAE

Ein neuer Schlepper der modernen Fendt-Serie! Bewährte Konstruktion. Moderne Form. Große Leistung. Beachtlicher Fahrkomfort. Luftgekühlter Zweizylinder-Dieselmotor. Direkteinspritz-Verbrennungsverfahren. Geringer Kraftstoffverbrauch. Wohltuende Laufruhe. Große Motorleistung. Rasche Beschleunigung des Schleppers. Günstig abgestuftes 8-Gang-Getriebe mit 6 Vorwärts- und 2 Rückwärtsgängen. In Sonderausführung Feinstufengetriebe mit 12 Vorwärts- und 4 Rückwärtsgängen. Echter Schnellgang mit 30 km/h. Automatische Fendt-Regelhydraulik mit besonders großem Regelbereich und fünf Steuerfunktionen (Heben, Senken, Zugkraft-, Lage- und Schwimmstellung). Ein idealer Mähschlepper. Hydraulischer Geräteheber zum Ausheben des Mähbalkens. Fahrkomfort für hohe Ansprüche. Gefederte Vorderachse und DLG-geprüfter Sattelsitz vermeiden Wirbelsäulen- und Bandscheibenschäden des Fahrers. Sitz läßt sich nach Größe und Gewicht des Fahrers einstellen. Auftanken, ohne die Haube zu öffnen. Werkzeuglos anbaubare Belastungsgewichte erhöhen das Leistungsgewicht. Leistungsstarker Motor, vorteilhaft abgestuftes Getriebe und die Bereifung 9 – 32 AS ermöglichen eine beachtliche Zugkraft. Der Farmer 1 E ist ein formschöner, moderner Schlepper, bei dem Leistung, Fahrkomfort und Sicherheit Selbstverständlichkeiten sind.

FENDT *Farmer 2DE*

35 PS nach DIN 70020
39 PS nach SAE

Ein neuer Schlepper der modernen Fendt-Serie! Der Farmer 2 D E entspricht in seiner technischen Ausführung und in seiner neuartigen Formgestaltung dem Farmer 2 E, dessen Motorleistung gedrosselt wurde. Die neue Haube des Farmer 2 D E wurde nicht nur formschön, sondern vor allem zweckmäßig gestaltet. Der Farmer 2 D E läßt sich bei geschlossener Haube leicht auftanken. Kühlwasserstutzen und Luftfilter sind mühelos zugänglich. Das Direkteinspritz-Verbrennungsverfahren des 3-Zylinder-Motors gewährleistet ein weiches Zünd- und zuverlässiges Kaltstartverhalten, eine ausgezeichnete Laufruhe, einen günstigen Drehmomentverlauf und ein rasantes Durchzugsvermögen bei geringem Kraftstoffverbrauch. Das leicht schaltbare und robuste Halbsynchrongetriebe verfügt über 8 Vorwärts- und 4 Rückwärtsgänge, Schnellgang mit 30 km/h. Superkriechgang. Der Farmer 2 D E kann wahlweise mit der Fendt-Handregelhydraulik oder mit der automatischen Fendt-Regelhydraulik und der Fronthydraulik ausgerüstet werden. Die fahrkupplungsunabhängige Motorzapfwelle leistet bei der Nenndrehzahl des Motors 540 U/min und bei der Schnellstufe 1000 U/min. Zum Fahrkomfort tragen wesentlich der bequeme, DLG-geprüfte Sattelsitz und die gefederte Vorderachse bei. Der Farmer 2 D E eignet sich auch als leistungsstarke Zugmaschine für alle zapfwellenangetriebenen Maschinen, wie Feldhäcksler, Mähdrescher und Miststreuer.

FENDT *Farmer 2 E*

40 PS nach DIN 70020
45 PS nach SAE

Ein neuer Schlepper der modernen Fendt-Serie! Die auffallenden Kennzeichen des Farmer 2 E sind seine moderne Formgestaltung und die niedrige Blockbauweise mit ihrer tiefen Schwerpunktlage. Seine besondere Note erhält dieser Schlepper durch zahlreiche technische Vorzüge. Der Dreizylinder-Viertakt-Dieselmotor ist gedrosselt und verfügt dadurch über eine sehr große Leistungsreserve. Sein Direkteinspritz-Verbrennungsverfahren gewährleistet ein weiches Zünd- und zuverlässiges Kaltstartverhalten, eine ausgezeichnete Laufruhe, einen günstigen Drehmomentverlauf, ein rasantes Durchzugsvermögen und einen niedrigen Kraftstoffverbrauch. Das leicht schaltbare und robuste Halbsynchrongetriebe besitzt 8 Vorwärts- und 4 Rückwärtsgänge, Schnellgang mit 30 km/h, Superkriechgang. Der Farmer 2 E wird serienmäßig mit der automatischen Fendt-Regelhydraulik ausgestattet, deren Hubkraft an der Ackerschiene 1500 kg beträgt. Die fahrkupplungsunabhängige Motorzapfwelle leistet bei der Nenndrehzahl des Motors 540 U/min und bei der Schnellstufe 1000 U/min. Zum Fahrkomfort trägt der DLG-geprüfte Sattelsitz und die gefederte Vorderachse bei. Der Farmer 2 E läßt sich bei geschlossener Haube leicht auftanken. Ebenso sind Kühlwasserstutzen und Luftfilter mühelos zugänglich. Der neue Farmer 2 E eignet sich bei seiner bis ins Kleinste durchdachten Konstruktion und mit seinen technischen Vorteilen für eine rationelle Motorisierung des landwirtschaftlichen Betriebes.

FENDT *Farmer 3 S*

45 PS nach DIN 70020
50 PS nach SAE

Ein neuer Schlepper der modernen Fendt-Serie! Formschön, modern und auf technischem Höchststand — das ist der Fendt-Farmer 3 S. Überragende Leistung. Lange Lebensdauer. Fahrkomfort für hohe Ansprüche. Zahlreiche technische Neuheiten: Stufenlose Anfahrautomatik durch hydraulische Turbokupplung. Direkteinspritz-Verbrennungsverfahren. Geringer Kraftstoffverbrauch. Geräuscharmer Motorlauf. Vollsynchronisiertes 17-Gang-Fendt-Getriebe. Zusätzlich 4 vollsynchronisierte Superkriechgänge. Keine Geschwindigkeitsüberlappungen. Schnellgang mit 30 km/h. Wendegetriebe zur Fahrtrichtungsumkehr, ohne zu schalten. Drehmomentwandler für 30%ige Zugkraft- bzw. Geschwindigkeitssteigerung. Vollkommen freie Zapfwelle. Zapfwellenvorwählhebel für 540 und 1000 U/min. Ein Zapfwellenstummel für beide Normdrehzahlen. Lenkradschaltung für alle Zusatzantriebe. DLG-geprüfter Sattelsitz. Schwingungsfreie Blockkonstruktion. Alle Bedienungshebel in Griffnähe. Einzelradgefederte, verstellbare Vorderachse. Leichtgängige Lenkung durch doppelte Gleitscheiben. Automatische Fendt-Regelhydraulik. 2 weitere Hydraulikkreise für Frontlader und Mähaufzug. Kugelgelagerte Hubstrebenverstellung. Dreipunktanlage mit Seitenstabilisierung. Hydraulische Spindellenkung. Luftgekühlte Hand- und Fußbremsen. Moderne Dreikammerleuchte. Neuartige, verstopfungsfreie Kotflügel. Werkzeuglos anbaubare Aufbaugewichte. Großer, hochklappbarer Tank mit 83 l Inhalt. Leichtes Tanken, ohne die Haube zu öffnen. Ideales Leistungsgewicht. Allradantrieb mit Überlast-Rutschkupplung. Farmer 3 S, der moderne Mehrzweckschlepper!

hydraulik und gefederter Vorderachse. Ein Schlepper mit vielen Pluspunkten, so die Werbung.

Für eine rationelle Motorisierung der landwirtschaftlichen Betriebe eigneten sich die mit 30,35 und 40 PS stärker ausgelegten Modelle Farmer 1 E, Farmer 2 DE und Farmer 2 E.

War der Farmer 1 E mit einem luftgekühlten Zweizylinder-Motor von MWM mit einem Hubraum von 1700 ccm und einer Drehzahl von 2275 U/min ausgerüstet, so hatten die beiden größeren Modelle jeweils wassergekühlte Dreizylinder-Direkteinspritzer-Motoren, ebenfalls von MWM. In Standardausführung war der Farmer 1 E mit dem bewährten Fendt-8-Gang-Getriebe mit 6 Vorwärts- und 2 Rückwärtsgängen ausgestattet mit Geschwindigkeiten von 0,9 bis 20 km/h. Als Sonderausrüstung war das neue Fendt-16-Gang-Feinstufengetriebe mit 12 Vorwärts- und 4 Rückwärtsgängen mit Geschwindigkeiten von 0,9 bis 30 km/h erhältlich.

In der technischen Ausstattung und der neuen Formgestaltung entsprach der Farmer 2 DE mit 35 PS dem Farmer 2 E mit 40 PS, lediglich die Motorleistung war gedrosselt. Beide wurden mit einem Halbsynchrongetriebe mit 8 Vorwärts- und 4 Rückwärtsgängen, wahlweise in Normal- oder Schnellgangausführung mit 20 beziehungsweise 30 km/h geliefert.

Mit zahlreichen technischen Neuheiten zeigte Fendt sein Paradestück, den 45 PS starken Farmer 3 S. Der war ausgestattet mit einem wassergekühlten Vierzylinder-Motor von MWM mit Direkteinspritz-Verbrennungsverfahren, der stufenlosen Anfahrautomatik durch die ölhydraulische Turbokupplung, auch Turbomatik genannt, vollsynchronisiertem Fendt-17-Gang-Getriebe mit 13 Vorwärts- und 4 Rückwärtsgängen mit Geschwindigkeiten von 1,3 bis 30 km/h und Drehmomentwandler.

Als Zusatzausrüstung konnte der Farmer 3 S mit einem Wendegetriebe zur Fahrtrichtungsumkehr ohne zu schalten ausgestattet werden. Außerdem war ein während der Fahrt und unter Last jederzeit ein- und ausschaltbarer Allradantrieb möglich.

Direkteinspritzverfahren:
Durch das Direkteinspritzverfahren, bei dem der Kraftstoff direkt in den Kompressionsraum eingespritzt wurde, war eine gleichmäßige Wärmeverteilung gegeben. Die besondere Auslegung der Ansaugkanäle, der Brennräume im Kolben und der Mehrlocheinspritzdüsen ermöglichte trotz hoher Kraftstoffausbeute eine niedrige Verdichtung (1:7). Hierdurch wurde ein weicher Zündablauf, eine angenehme Laufruhe und eine geringe Beanspruchung aller Motorteile erreicht. Ohne Vorglühen konnten diese Motoren gestartet werden.

Turbokupplung:
Die Turbokupplung bestand aus zwei Hauptteilen, dem Pumpenrad und dem Turbinenrad. Das Pumpenrad war mit dem Motor und das Turbinenrad mit dem Getriebe verbunden. Pumpen- und Turbinenrad waren Zellenräder. Je nach Drehzahl des Motors wurde das Öl der Turbokupplung durch eine besondere Formgebung der einzelnen Zellen vom Pumpenrad in das Turbinenrad gedrückt.Dadurch trieb das Pumpenrad das Turbinenrad in der gleichen Drehrichtung an. Es handelte sich also um einen automatisch wirkenden hydraulischen Kraftfluß.

Wendegetriebe:
Durch die Betätigung des zentralen Umschalthebels für den Wendebetrieb neben der Lenksäule wurde gleichzeitig
- das Wendezahnrad zugeschaltet,
- der für den Normalbetrieb vorgesehene Kupplungsanschlag abgesenkt,
- die Zapfwellenlamellenkupplung mit dem Pedalwerk verbunden, außerdem wurde die jeweilige Fahrtrichtung angezeigt.

Die weitere Bedienung erfolgte nur noch mit dem Fuß über das Kupplungspedal. Für die Vorwärtsfahrt wurde die Kraft über die Fahrkupplung geleitet. Beim vollkommenen Durchtreten des Kupplungspedales öffnete sich die Lamellenkupplung, die Fahrkupplung schloss sich, und der Schlepper fuhr vorwärts. Beim erneuten vollkommenen Durchtreten des Kupplungspedales löste sich die Fahrkupplung, die Lamellenkupplung schloss sich und der Schlepper fuhr rückwärts. Wurde die Kupplung nur halb durchgetreten, so blieb der Schlepper stehen und die Fahrtrichtung war beim Wiedereinkuppeln unverändert. Das war besonders vorteilhaft beim Frontladereinsatz, denn beide Hände waren frei für Lenkrad und Steuergerät.

Drehmomentwandler:
Vor dem Wechselgetriebe hatte Fendt ein Vorschaltgetriebe eingebaut. Mit ihm konnten alle Gänge um 30 Prozent in der Geschwindigkeit oder in der Zugkraft verändert werden. Beim Wandeln der Vorschaltgruppe auf „langsam" stieg die Zugkraft und beim

Fendt Farmer 4 S

Fendt Fix 2 E

Fendt Favorit 4 S

Wandeln auf „schnell" erhöhte sich die Geschwindigkeit.

Mit derselben technischen Ausstattung präsentierte Fendt den Farmer 4 S mit 55 PS, der gerade die Auszeichnung „DLG anerkannt" erhalten hatte.

Im oberen Bereich der modernen Serie wurde der Favorit 3 S mit einem wassergekühlten Vierzylinder-Viertakt Dieselmotor der bei einem Hubraum von 3,4 l und einer Drehzahl von 2400 U/min 62 PS leistete, angeboten. Neben dem neuen Direkteinspritz-Verbrennungsverfahren das einen geringen Kraftstoffverbrauch ermöglichte, war in diesem Vierzylindermotor ein doppelter Massenausgleich eingebaut, der Vibrationen und Schwingungen auffing und dadurch eine besondere Laufruhe des Schleppers gewährleistete. Sein Halbsynchrongetriebe hatte 20 Gänge, davon 16 vorwärts und 4 rückwärts, die Gangabstufung reichte von 100 m/h bis 30 km/h. Die Zapfwelle hatte zwei Geschwindigkeiten, 540 und 1000 U/min, und konnte jederzeit unabhängig vom Fahrbetieb auch unter Last ein- und ausgeschaltet werden. Der Bedienungskomfort der automatischen Fendt-Regelhydraulik war durch eine neukonstruierte Seitenabstützung verbessert worden. Außerdem konnten die unteren Lenker wahlweise mit genormten Kugelenden oder mit den von Fendt entwickelten Schnellkuppler ausgestattet werden. Auf Wunsch wurde der Favorit 3 S mit einem 6'-Mähwerk, Frontlader oder Allradantrieb geliefert.

Stärkster Schlepper der Serie war der Favorit 4 S mit 90 PS. Ein wassergekühlter Sechszylinder-4-Takt-Dieselmotor mit 2300 U/min und 5,1 l Hubraum war eingebaut. Das neuentwickelte Synchrongetriebe hatte 24 Gänge, davon 16 vorwärts und 8 rückwärts. Auf Wunsch konnte durch die Kriechgangausführung die Zahl der Vorwärtsgänge auf 24 und die der Rückwärtsgänge auf 12 erhöht werden. Der Geschwindigkeitsbereich lag zwischen 100 m/h und 30 km/h.

Mit der hydraulischen Turbokupplung wurde ein ruckfreies und schnelles Anfahren ermöglicht. Durch die große Elastizität des Sechszylindermotors und durch den Drehmomentwandler war eine fast stufenlose Geschwindigkeitsregelung erreicht. Serienmäßig war der Favorit 4 S mit der automatischen, feinfühligen Fendt Regelhydraulik für Zugkraft-, Misch- und Lagereglung ausgerüstet, wobei die Impulsgebung über die Unterlenker geregelt wurde.

Allradantrieb, Allwetterkabine und Druckluftbeschaffungsanlage waren nur einige der Zusatzausrüstungen, die ab Werk erhältlich waren.

Mit dem Schnellgang-Geräteträger F 231 GT wurden zahlreiche Erfahrungen der 25 000 bereits im Einsatz stehenden GT ausgewertet.

Ein luftgekühlter Dreizylinder-4-Takt-Dieselmotor von MWM war das Herzstück. Bei einer Drehzahl von

1950 U/min und einem Hubraum von 2230 ccm brachte er eine Leistung von 32 PS. Serienmäßig war er mit einem 12 Gang-Getriebe mit 8 Vorwärts- und 4 Rückwärtsgängen ausgerüstet. Für besondere Einsatzzwecke konnte auch ein 24-Gang-Feinstufengetriebe mit 16 Vorwärts- und 8 Rückwärtsgängen geliefert werden. Die Geschwindigkeitsabstufung reichte von 0,3 km/h bis 30 km/h. Mit Hilfe einer vorgeschalteten Feinstufe wurde der Effekt einer Drehmomentwandlung mit gleichzeitiger Verdoppelung der Gänge erreicht. Hinten hatte der neue GT neben der genormten Dreipunkthydraulik mit einer Hubkraft von 1600 kg an der Ackerschiene eine Motorzapfwelle mit 540 und 1000 U/min sowie eine Wegzapfwelle mit 2,23 Umdrehungen pro Fahrmeter. Auf Wunsch konnte zu der serienmäßigen Zwischenachshydraulik eine Fronthydraulik angebaut werden.

Nicht nur die Leistung wurde von 32 auf 45 PS erhöht, mit dem Modell F 250 GT zeigte Fendt erstmals eine neue Bauweise auf dem Geräteträger-Sektor. Der bei den bisherigen GT Modellen im Blickfeld des Fahrers eingebaute Motor wurde unter dem Fahrerstand angeordnet, lediglich die Lenksäule war vor dem Fahrer. Damit wurde erreicht, daß die Sicht auf die Zwischenachs- und Frontanbaugeräte wesentlich verbessert wurde. Mit dem bewährten Fendt 17-Gang-Feistufengetriebe, dem Drehmomentwandler, der hydrostatischen Lenkung und automatischen

Fendt F 250 GT

Blick in die Kabine

Fendt F 250 GT

FENDT - Unimat

36 PS nach DIN 70020
40 PS nach SAE

Reiche Erfahrungen in der Herstellung und im Einsatz von Geräteträgern bildeten die Grundlage für die Konstruktion des selbstfahrenden Fendt-Unimat. Der Fendt-Unimat ist ein Universalfahrzeug, mit dem die Transport- und Ladeprobleme in der Landwirtschaft gelöst werden können. Der selbstfahrende Unimat eignet sich besonders gut für den Einsatz in Grünlandbetrieben. In Kombination mit einem 6'-Doppelmesser-Dreipunkt-Frontmähwerk besteht z. B. die Möglichkeit, in einem Arbeitsgang zu mähen und das Grüngut mit der Pick-up-Trommel aufzuladen. Mit entsprechenden Zusatzgeräten können alle Arbeiten bei der Heuwerbung auch im stark hängigen Gelände durchgeführt werden. Der Fendt-Unimat ist mit einem luftgekühlten Dreizylinder-Viertakt-Dieselmotor mit Direkteinspritzung ausgerüstet. Außerdem verfügt dieser selbstfahrende Unimat über ein robustes und bewährtes Fendt-Getriebe mit 8 Vorwärts- und 4 Rückwärtsgängen. Auf Wunsch wird der Fendt-Unimat mit einem Feinstufengetriebe mit 24 Gängen und einem echten Schnellgang mit 30 km/h sowie Differentialsperre und Allradantrieb ausgestattet. In Sonderausführung kann der Fendt-Unimat auch als selbstfahrender Stallmiststreuer eingesetzt werden.

Fendt Unimat

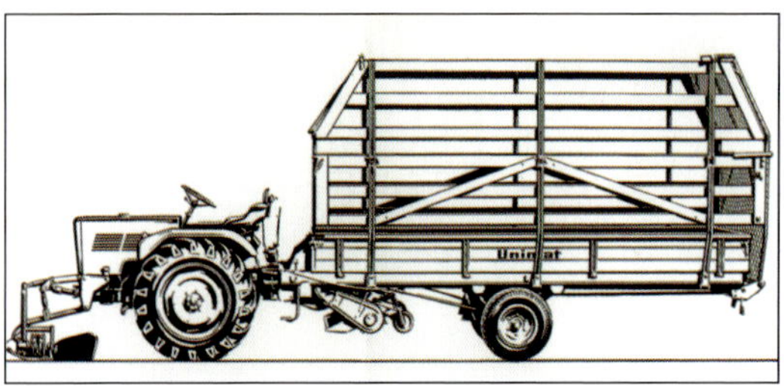

Fendt Unimat

Fendt-Regelhydraulik hatte der GT nun auch die Technik der Standardschlepper.

Die Arbeitsbreite der Anbaugeräte wurde auf 3 m erweitert. Der Zwischenachsgeräterahmen der bisherigen Geräteträger paßte in das Vorderteil des neuen F 250 GT. Dadurch konnte der Besitzer des neuen Geräteträgers wahlweise bereits vorhandene oder neue Arbeitsgeräte verwenden. Das war wichtig für die Landwirte, die bereits einen Geräteträger in ihrem Betrieb einsetzten. Die Austauschbarkeit der Geräte wurde beibehalten.

Als Universalfahrzeug für die Landwirtschaft zeigte Fendt auf der DLG in München 1968 den selbstfahrenden „Unimat". Grundlage für die Konstruktion dieses Fahrzeuges, mit dem Transport- und Ladeprobleme in der Landwirtschaft gelöst werden sollten, waren Bauteile aus der Geräteträger Herstellung. Der luftgekühlte Dreizylinder-Viertakt-Dieselmotor mit 36 PS, das Fendt 12-Gang-Getriebe und die komplette Hinterachse wurden mit einem einachsigen Ladewagen kombiniert und daraus entstand dann dieser „Selbstfahrer".

Ausgestattet mit einem 6'-Doppelmesser-Dreipunkt-Frontmähwerk, konnte der Unimat in einem Arbeitsgang gleichzeitig mähen und das Grüngut mit der Pick-up-Trommel des Ladewagens aufladen. In Sonderausrüstung war der Fendt-Unimat auch als selbstfahrender Stallmiststreuer einsetzbar. Trotz aller Vorteile blieb der Unimat nur ein Prototyp.

Als Mittelklasseschlepper mit zahlreichen technischen Vorzügen, die Schlepper in dieser PS-Klasse bis dahin nicht aufweisen konnten, wurde der Farmer 2 S ein Jahr später vorgestellt.

42 PS leistete der wassergekühlte Dreizylinder-Viertakt-Dieselmotor. Wegen des Direkteinspritz-Verbrennungsverfahrens verringerte sich der Kraftstoff-

Fendt Farmer 2 S

Fendt Favorit 12 S

Fendt Favorit 10 S und 11 S

Fendt Favorit 10 S und 11 S

verbrauch. Mit einem vollsynchronisierten 17-Gang-Fendt-Gruppenschaltgetriebe, 13 Vorwärtsgängen, davon ein echter Schnellgang mit 30 km/h, der die Normalgänge nicht beeinflusste, und 4 Rückwärtsgängen reichte die Gangabstufung von 1,3 km/h bis 30 km/h. Neben der vom Fahrbetrieb unabhängigen, auch unter Last schaltbaren Zapfwelle mit 540 und 1000 U/min, der hydraulischen Turbokupplung und dem Drehmomentwandler war die Fendt Regelhydraulik mit sechs Steuerfunktionen Serienausstattung. Als Zusatzausrüstung konnten unter anderem ein Wendegetriebe, während der Fahrt und unter Last zuschaltbarer Allradantrieb, Frontlader Größe 2 oder 3, eine Allwetterkabine und ein 5'-Mähwerk geliefert werden.

Ebenfalls 1969 erweiterte Fendt seine Schlepperreihe durch den Favorit 12 S. Zum erstenmal in der Geschichte der Fendt-Werke wurde ein Schlepper über 100 PS gebaut.

Der wassergekühlte Sechszylinder-Viertakt-Dieselmotor mit 6,2 l Hubraum leistete 110 PS. Neben der bekannten Technik der „S"-Schlepper wie Synchron-Getriebe, Drehmomentwandler, hydraulische Turbokupplung und automatische Fendt-Regelhydraulik hatte der Favorit 12 S serienmäßig einen unter Last schaltbaren Allradantrieb, eine hydrostatische gestängelose Lenkung, die auch bei stillstehendem Motor funktionsfähig blieb, sowie eine hydraulische Servo-Betriebsbremse mit zwei Hauptbremszylindern. Die komplette Fendt-Technik wurde eingesetzt, um sich gegen die immer größer werdenden Schlepper der Konkurrenz behaupten zu können.

Um den Leistungsbereich von 80 bis 95 PS abzudecken, wurden 1970 der Favorit 10 S und 11 S ins Programm aufgenommen. Beide Schlepper waren mit wassergekühlten Sechszylinder-Motoren mit 5,1 l Hubraum ausgestattet. Hatte der Favorit 10 S eine Leistung von 80 PS und ein 18-Gang-Synchron-Getriebe mit 12 Vorwärts- und 6 Rückwärtsgängen, so leistete der Favorit 11 S 95 PS und hatte ein vollsynchronisiertes 24-Gang-Getriebe mit 16 Vorwärts- und 8 Rückwärtsgängen. Beide konnten auf Wunsch mit einem 30-Gang-Getriebe geliefert werden. Eine einzelradgefederte, verstellbare Vorderachse war bei den Hinterradmaschinen und eine stabile Pendelachse mit Differentialausgleich und Überlastsicherung bei Allradmaschinen eingebaut. Beide Typen wurden sowohl mit Hinterrad- als auch mit Allradantrieb geliefert.

Als selbstfahrende Arbeitsmaschine und LKW für die Landwirtschaft, so die Werbung, stellte Fendt den selbstfahrenden Ladewagen „Agrobil S" auf der DLG Ausstellung 1970 in Köln vor. Das Universalfahrzeug hatte durch seine Spezialkonstruktion mit liegendem luftgekühlten Dreizylinder-Unterflurmotor und dem 17-Gang-Vollsynchrongetriebe zwischen den Antriebsachsen eine optimale Gewichtsverteilung. Allradantrieb sowie vier gleich große Räder waren Gewähr für ein Höchstmaß an Zugkraft und Geländegängigkeit. Als Erntelastkraftwagen mit einem Fas-

Fendt Agrobil S

Fendt Agrobil S

Fendt Farmer 5 S

sungsvermögen von ca. 30 m³ konnte er sowohl für die Langgutkette als auch für die Hächselkette verwendet werden. Mit Schnellverschlüssen konnten die Ladeaggregate wie Pick-up, Rechenkette, Maisgebiß mit Hächseleinrichtung und Frontmähwerk an- und abgebaut werden. Angetrieben von einem 50 PS Motor erreichte das Agrobil eine Transportgeschwindigkeit bis zu 50 km/h. Das zulässige Gesamtgewicht lag bei 7,5 t und somit reichte für den Betrieb Führerschein Klasse 3 aus.

Fendt Farmer 2 W

Mit dem Farmer 5 S wurde das Programm der Fendt Farmer-Typen nach oben abgerundet. Serienmäßig ausgestattet war der Farmer 5 S mit einem Vierzylinder-Viertakt-Dieselmotor, der 65 PS bei 2400 U/min leistete, einem vollsynchronisierten Feinstufengetriebe mit 13 Vorwärts- und 4 Rückwärtsgängen, der Fendt-Turbomatik, einer gefederten Vorderachse und einer vollkommen unabhängigen und lastschaltbaren Zapfwelle mit 540 und 1000 U/min. Auf Wunsch konnte der Farmer 5 S mit einem lastschaltbaren Allradantrieb geliefert werden.

Unter der Bezeichnung Farmer 2 W zeigte Fendt einen allradangetriebenen Schmalspurschlepper mit einer Gesamtbreite von 955 mm, wobei sich die Radspur hinten von 714 mm auf die Normalspur von 1250 mm und vorne von 714 mm auf 940 mm durch Umdrehen der Räder verstellen ließ. Dadurch eignete sich der Fendt Schmalspurschlepper auch als leistungsstarker Standardschlepper. Der eingebaute luftgekühlte Dreizylinder-Viertakt-Dieselmotor hatte bei einem Hubraum von 2550 ccm und einer Drehzahl von 2300 U/min eine Leistung von 45 PS. Als Getriebe hatte der Farmer 2 W ein 10-Gang-Spezialgetriebe mit 8 Vorwärts- und 2 Rückwärtsgängen mit Geschwindigkeiten von 1,1 km/h bis 19,6 km/h. Die Differentialsperre war auf alle vier Räder wirksam. Durch einem Lenkeinschlag von 41° wurde ein Spurkreisradius von ca 1500 mm erreicht. Mit 6 Steuerfunktionen und Unterlenkerregelung war die Fendt-Regelhydraulik ausgestattet und hatte eine Hubkraft von ca. 2100 kg.

Unter dem Motto „Maßstab für Komfort und Technik" stellte Fendt 1972 auf der DLG in Hannover sein Geräteträgerprogramm sowie die neue Farmer- und Favorit-Reihe vor. Das Schlepperprogramm umfaßte jetzt insgesamt 12 Typen im Leistungsbereich von 34 bis 120 PS.

Farmer 1 D	34 PS
Farmer 105	58 PS
Farmer 102	40 PS
Farmer 105 S	60 PS
Farmer 102 S	42 PS
Farmer 106 S	65 PS
Farmer 103	48 PS
Favorit 610 S	85 PS
Farmer 103 S	48 PS
Favorit 611 S	105 PS
Farmer 104 S	54 PS
Favorit 612 S	120 PS

Fendt Farmer 102 S

Waren der Farmer 1 D, 102 und 102 S mit luftgekühlten Dreizylinder-4-Takt-Motoren ausgestattet, so hatten die Farmertypen 103, 103 S, 104S und 105 wassergekühlte Dreizylinder-4-Takt-Motoren. Dagegen hatten die Farmer 105 S und 106 S wassergekühlte Vierzylinder-4-Takt-Motoren. Die 600er Favoriten waren alle mit wassergekühlten Sechszylinder-

Fendt Farmer 102 S

Fendt Farmer 103 S

Fendt Farmer 104 S

Fendt Farmer 105 S

Fendt Farmer 104 S Turbomatik

Fendt Farmer 106 S

Motoren ausgestattet. Die Farmer S Typen waren mit einem vollsynchronisierten Feinstufengetriebe mit 13 Vorwärts- und 4 Rückwärtsgängen ausgerüstet, auf Wunsch gab es zusätzlich noch 4 Superkriechgänge. Die Geschwindigkeitsabstufung reichte dann von 100 m/h bis 30 km/h.

War der Favorit 610 S mit einem 18-Gang-Vollsynchrongetriebe mit 12 Vorwärts- und 6 Rückwärtsgängen ausgerüstet, so hatten der Favorit 611 S und der 612 S ein vollsynchronisiertes 23-Ganggetriebe mit 16 Vorwärts- und 7 Rückwärtsgängen.

Alle Farmer S und Favorit S Typen waren serienmäßig mit der ölhydraulischen Turbokupplung, lastschaltbarer Zapfwelle mit 540 und 1000 U/min und der automatischen Fendt Regelhydraulik mit sechs Steuerfunktionen ausgerüstet. Auf Wunsch konnten die Farmer S Typen mit Wendegetriebe, Allradantrieb, hydraulischer Spindellenkung und Sicherheitskabine geliefert werden. Bei den Favorit S Großschleppern war der 612 S serienmäßig mit Allradantrieb ausgestattet, bei den beiden anderen Typen war dieser auf Wunsch erhältlich.

Die Schlepper Farmer 102, 103 und 105 wurden ohne S-Ausrüstung (Turbokupplung, Vollsynchrongetriebe, lastschaltbare Zapfwelle) mit einem entsprechend günstigeren Preis angeboten. Hier war das Feinstufengetriebe als Leichtschaltgetriebe ausgebildet und die kupplungsunabhängige Zapfwelle wurde mit einer Tornado-Duplex-Kupplung geschaltet.

Um die Farmer Reihe leistungsmäßig zu ergänzen, stellte Fendt 1974 die Farmer 200er Baureihe vor. Zum einen zielte man auf einen Kundenkreis, der auch in der unteren PS-Klasse nicht auf den technischen Komfort wie vollsynchronisiertes Getriebe, Drehmomentwandler, lastschaltbare Zapfwelle und Regelhydraulik verzichten wollte. Zum anderen woll-

Fendt Favorit 611 S

Fendt Favorit 612 S

Fendt Farmer 200 S

Fendt Favorit 612 SL

te man mit den Modellen 200 V bis 203 P die Betriebe mit Sonderkulturen ansprechen, denen an niedriger und schmaler Bauweise gelegen war, um die Schlepper am Hang und in Reihenkulturen einsetzen zu können.

Als idealer Schlepper für den Klein- und Mittelbetrieb wurde der Farmer 200 S beworben. Ein luftgekühlter Dreizylinder-Dieselmotor mit 2826 ccm Hubraum mit Direkteinspritzverfahren und 35 PS Leistung wurde als Antriebsaggregat eingebaut. Das vollsynchronisierte 17-Ganggetriebe mit Schnellgang hatte 13 Vorwärts- und 4 Rückwärtsgänge mit Geschwindigkeiten von 1,2 km/h bis 25 km/h. Auf Wunsch war eine 30 km/h Overdrive-Ausführung mit 14 Vorwärts- und 4 Rückwärtsgängen und einer Geschwindigkeitsabstufung von 1,2 km/h bis 30km/h erhältlich. In Sonderausrüstung war der Farmer 200 S auch mit Allradantrieb lieferbar.

Die Spezialschlepper Farmer 200 V mit 38 PS, Farmer 203 V und 203 P mit 50 PS hatten die aufwendige technische Ausstattung der Farmer Standardschlepper.

War das Einsatzgebiet der Farmer V Schlepper mit seiner kompakten, schmalen und niedrigen Bauweise überwiegend der Wein- und Hopfenbau, so hatte der Farmer 203 P mit seiner kompakten und niedrigen Bauart seinen Einsatz im Obstbau.

Alle drei Typen wurden von luftgekühlten Dreizylinder-Motoren mit Direkteinspritzverfahren angetrieben. Vollsynchronisiertes Feinstufengetriebe, Drehmomentwandler ,lastschaltbare Zapfwelle mit 540 und 1000 U/min und die Fendt Regelhydraulik waren serienmäßig.

Auf Wunsch wurden die Farmer 200 V und 203 V Typen mit Allradantrieb geliefert, wobei dann sowohl die Vorder- als auch Hinterachse mit Differentialsperren ausgestattet waren.

Die neue Favorit SL Baureihe bestand aus fünf Großtraktoren in den Leistungsklassen von 90 bis 150 PS. Während die großvolumigen wassergekühlten Sechszylinder Motoren beim Favorit 610 SL (90 PS), 611 SL (105 PS) und beim 612 SL (120 PS) nach dem Direkteinspritzverfahren arbeiteten, kamen beim 614 SL (135 PS) und 615 SL (150 PS) Abgas Turbolader zum Einsatz.

Hier wurde die in den Abgasen steckende Energie genutzt, um die Verbrennungsluft mit Überdruck in den Verbrennungsraum zu drücken. Die Vorteile des aufgeladenenTriebwerkes waren die bessere Verbrennung, eine höhere spezifische Leistung und ein günstigerer Treibstoffverbrauch.

Blick auf das Cockpit der Fendt Favorit SL-Reihe

Fendt 255/275 GT

Alle Favorit SL Typen waren serienmäßig mit der hydraulischen Turbokupplung und einem 23 Gang Vollsynchron-Feinstufengetriebe mit 16 Vorwärts- und 7 Rückwärtsgängen mit Geschwindigkeiten von 0,9 km/h bis 30 km/h ausgestattet. Auf Wunsch gab es Superkriechgänge und 20 Vorwärts- und 9 Rückwärtsgänge. Neben der automatischen Fendt Regelhydraulik mit sechs Steuerfunktionen und Unterlenkerregelung war ab dem Favorit 612 SL Allradantrieb Serienausstattung.

Alle Typen mit Allradantrieb verfügten serienmäßig über eine Vierrad-Bremsanlage bei der eine Scheibenbremse auf der Kardanwelle angebracht war. Diese wirkte auch bei ausgeschaltetem Allradantrieb auf die Vorderräder. Die automatische Differentialsperre „Lokomatic" war ab dem Favorit 611 SL serienmäßig. Durch das Funktionsprinzip der Lokomatic wurde in Verbindung mit der Differentialsperre in der Hinterachse eine maximale Leistungsübertragung aller vier Räder auf den Boden erreicht.

Auf der Komfortseite wurde der technische Fortschritt jedoch am deutlichsten. Die neuen integrierten und schall-und schwingungsisolierten auf gummielementen gelagerten Kabinen hatten eine bis dahin nicht gekannte komfortable Ausgestattung. Beqemer, höhen-, längs- und neigungsverstellbarer Komfort-Fahrersitz, hydrostatische Lenkung, hydraulische Betätigung von Kupplung und Bremsen, höhenverstellbaresLenkrad, leistungsfähige Heizung, Scheibenwaschanlage und nicht zuletzt eine großzügige Rundumsicht unterstrichen den Fahrkomfort.

Luxus pur: Der „Sessel" des Fendt 255/275 GT

Mit dem F 255 GT (50 PS) und dem F 275 GT (70 PS) setzte Fendt sein erfolgreiches Geräteträger Konzept fort. Auffallend an den beiden neuen Typen war die moderne Form, die durch die integrierte Kabine entscheidend geprägt wurde. Zusammen mit der umfangreichen Gerätereihe waren die Fendt Geräteträger ein schlagkräftiges Mechanisierungssystem für alle Arbeiten von der Saat bis zur Ernte.

Waren in den bisherigen Geräteträgern MWM Motoren eingebaut, so entschied man sich die Neuen mit Deutz Motoren auszurüsten. Der luftgekühlte Dreizylinder Direkteinspritzer mit 2826 ccm Hubraum beim F 250 GT leistete 50 PS. Beim F275 GT brachte

Fendt 255/275 GT

der luftgekühlte Vierzylinder-Direkteinspritzer mit 3768 ccm eine Leistung von 70 PS.

Beide verfügten über ein vollsynchronisiertes 18-Gang-Feinstufengetriebe mit 14 verschiedenen Vorwärtsgeschwindigkeiten von 1,0 bis 30 km/h. Lastschaltbare Heck- und Frontzapfwellen (540 und 1000 U/min), zusätzlich eine Wegzapfwelle für den Zwischenachs- und Frontanbauraum sowie die Fendt Regelhydraulik mit sechs Steuerfunktionen und einer Hubkraft an der Ackerschiene beim F 255 GT von 2800 kg und beim F 275 GT von 3200 kg waren Serienausstattung.

Neu war aber auch ein humanisierter Arbeitsplatz für den Fahrer. Konstruktive Maßnahmen, wie Kabinenlagerung auf Gummielementen und großzügige Verwendung von Schalldämm-Material führten zu einem niedrigen Schallpegel von unter 85 dB in der Kabine. Dazu ein hydraulisch gedämpfter Komfortsitz mit Gewichts-, Längs-, Höhen- und Neigungsverstellung, hydrostatische Lenkung, gefederte Vorderachse, Heizung, Seitenschaltung und 4,7 m^2 Kabinenglasfläche für eine ausgezeichnete Rundumsicht.

Mit diesen Baureihen im Zeitraum der späten sechziger Jahre bis Mitte der siebziger Jahre, mit neuen Techniken, hergestellt nach dem Baukastenprinzip mit dem für alle Modelle eine Bedienungsgleichheit und Normung vom Motor bis zur Hydraulik erreicht wurde, konnte Fendt sich auf dem schwierigen Schleppermarkt gegen die großen Konzerne nicht nur behaupten, sondern auch seine Marktanteile auf über 14 Prozent erhöhen und den dritten Platz in der Zulassungsstatistik erreichen.

Weitere empfehlenswerte Bücher des Podszun-Verlags

Fordern Sie kostenlos und völlig unverbindlich unseren neuen Prospekt an mit Büchern über:

- Lastwagen
- Motorräder
- Autos
- Traktoren
- Feuerwehrfahrzeuge
- Lokomotiven
- Baumaschinen

Verlag Podszun-Motorbücher
Postfach 1525, D-59918 Brilon
Fax 02961 / 9639900
Email: info@podszun-verlag.de
www.podszun-verlag.de

144 Seiten, ISBN 3-86133-325-2
28 x 21 cm, fester Einband
EUR 24,90

144 Seiten, ISBN 3-86133-275-2
28 x 21 cm, fester Einband
EUR 19,90

134 Seiten, ISBN 3-86133-316-3
28 x 21 cm, fester Einband
EUR 19,90

144 Seiten, ISBN 3-86133-190-X
28 x 21 cm, fester Einband
EUR 24,90

144 Seiten, ISBN 3-86133-294-9
28 x 21 cm, fester Einband
EUR 24,90

134 Seiten, ISBN 3-86133-308-2
29 x 21 cm, fester Einband
EUR 19,90

144 Seiten, ISBN 3-86133-323-6
29 x 21 cm, fester Einband
EUR 19,90

144 Seiten, ISBN 3-86133-261-2
29 x 21 cm, fester Einband
EUR 19,90

144 Seiten, ISBN 3-86133-246-9
29 x 21 cm, fester Einband
EUR 19,90

174 Seiten, ISBN 3-86133-272-8
28 x 21 cm, fester Einband
EUR 24,90

144 Seiten, ISBN 3-86133-326-0
28 x 21 cm, fester Einband
EUR 29,90

JOHN DEERE